MPPT-Algorithmen zur Leistungsregelung von Solaranlagen

Einführung, Entwurf und Optimierung

Hendrik Wunderlich

Mit einem Vorwort von Professor Friedbert Pautzke.

Hendrik Wunderlich

Master of Science in Energiemanagement
Diplom-Ingenieur (FH) in Elektrotechnik und Informatik (IT-Automation)

Urheberrecht © 2018 Hendrik Wunderlich

Alle Inhalte, insbesondere Texte, Fotografien und Grafiken sind urheberrechtlich geschützt. Alle Rechte, einschließlich der Vervielfältigung, Veröffentlichung, Bearbeitung und Übersetzung, bleiben vorbehalten.

Printed by CreateSpace

Grafiken auf dem Einband wurden teilweise der Website *pixabay.com* entnommen und unterliegen der *Creative Commons CC0* Lizenz (*Public Domain/* Verzicht auf Urheberrechte[1]).

---
[1]https://creativecommons.org/publicdomain/zero/1.0/deed.de

Vorwort

Entgegen vieler Prognosen liefert die Photovoltaik derzeit mit über 6 % bezogen auf den Brutto-Stromverbrauch einen relevanten Beitrag zur Stromversorgung in Deutschland. Dabei besteht die Leistungsoptimierung von Solargeneratoren darin, das sich auf Grund von Umwelteinflüssen ständig ändernde Leistungsmaximum zu finden und nachzuführen (*Maximum Power Point Tracking*, MPPT). Da sich bei stationären Anwendungen die Umweltbedingungen nur langsam ändern, wurden bisherige Algorithmen zur Leistungsoptimierung eher auf Genauigkeit als auf Schnelligkeit ausgelegt.

Studentische Teams weltweit entwickeln seit Mitte der 80-iger Jahre Elektrofahrzeuge, die ausschließlich mit Solarenergie angetrieben werden, und nehmen an internationalen Wettbewerben, wie der *World Solar Challenge*, teil. In den Jahren 2011/12 umrundete ein studentisches Team der Hochschule Bochum erstmalig mit einem Solarfahrzeug die Welt und legte innerhalb von 13 Monaten 30.000 km auf dem Landweg mit einer Durchschnittsgeschwindigkeit von 50 km/h zurück. Dabei wurde ausschließlich Energie aus dem mitgeführten Solargenerator verwendet. Schon jetzt zeichnet sich ab, dass zukünftige Elektrofahrzeuge teilweise mit einem Solargenerator ausgestattet werden. Von *Sono Motors*

Vorwort

wird seit Kurzem das erste kommerzielle Solarfahrzeug mit dem Namen *Sion* angeboten. Aber auch andere mobile Anwendungen, wie Solarboote oder Solarflugzeuge, werden weltweit entwickelt und erprobt.

Bei mobilen Anwendungen ändern sich die Umweltbedingungen jedoch schneller als bei stationären Solaranlagen. Durch Geschwindigkeitsänderungen, Fahrtrichtungsänderungen, Verschattungen und Teilverschattungen sind die dynamischen Anforderungen an den MPPT-Algorithmus wesentlich höher. Insbesondere wenn die Kennlinie des Solargenerators auf Grund von Bypassdioden durch unterschiedliche Einstrahlungen und Temperatureinflüsse mehrere lokale Maxima aufweist, muss die Optimierungsstrategie das globale Maximum von kleineren lokalen Maxima unterscheiden können. Anhand der in diesem Buch beschriebenen Erkenntnisse ließ sich ein Optimierungsverfahren für MPPT-Algorithmen konstruieren, mithilfe dessen der *globale MPPT-Algorithmus für hochdynamische Anwendungen* exemplarisch entwickelt wurde. Die Simulationsergebnisse zeigen signifikante Optimierungserfolge. Die in diesem Buch untersuchten Algorithmen liefern die Grundlage für die Entwicklung hochdynamischer Leistungsregler zur Erhöhung des Wirkungsgrades bei dynamischen Anwendung. Damit liefert dieses Buch einen wesentlichen Beitrag zur Entwicklung hochdynamischer Leistungsregler für Maximum Power Point Tracking.

Prof. Dr.-Ing. Friedbert Pautzke
Institut für Elektromobilität
Hochschule Bochum

Inhaltsverzeichnis

Vorwort   i

Abbildungsverzeichnis   ix

Tabellenverzeichnis   xv

Symbolverzeichnis   xvii

1 Einleitung   **1**
   1.1 Einordnung des Themas 2
   1.2 Technische Einführung 4
       1.2.1 Solarzelle/ Solargenerator 4
       1.2.2 Verschaltungsvarianten und die Problematik der Teilverschattung 7
       1.2.3 Maximum Power Point Tracker 8
       1.2.4 Definition für Algorithmus 9
       1.2.5 Notation 11
       1.2.6 Numerische Angaben 12

2 Herkömmliche MPPT-Algorithmen   **13**
   2.1 Verfahren ohne Suchbewegung 15
       2.1.1 Zyklische Messung der Leerlaufspannung . 15

Inhaltsverzeichnis

      2.1.2   Zyklische Messung des Kurzschlussstroms   20
      2.1.3   Einstrahlungsmessung mittels Pilotzelle .   20
      2.1.4   Methode der Referenzwertetabelle   21
      2.1.5   Fazit   21
  2.2   Zyklische Abtastung der Generatorkennlinie . . .   22
  2.3   Verfahren mit Suchbewegung   25
      2.3.1   Methode der Lastsprünge   25
      2.3.2   Methode der inkrementellen Konduktanz .   28
      2.3.3   Gewichtete Dreipunktmethode   30
      2.3.4   Ripple Correlation Control   33
      2.3.5   Fazit für Bergsteigeralgorithmen   34
  2.4   Mehrstufige MPPT-Verfahren   36
      2.4.1   Two-Stage MPP-Trackingverfahren   37
      2.4.2   Novel Global MPPT Algorithm   41

3 Evolutionäre Algorithmen und kollektive Intelligenz   47
  3.1   Funktionsprinzipien   48
      3.1.1   Suchstrategie der evolutionären Algorithmen 49
      3.1.2   Suchstrategien der Verfahren mit kollektiver Intelligenz   50
      3.1.3   Suchraum   51
      3.1.4   Detektion des MPP und Abbruch der Suche 51
      3.1.5   Wiederaufnahme der Suche   52
      3.1.6   Rahmenbedingungen und Rahmenmodell   55
  3.2   Genetischer Algorithmus   63
      3.2.1   Interpolierender genetischer MPPT-Algorithmus 65
      3.2.2   Extrapolierender genetischer MPPT-Algorithmus 68
      3.2.3   Kombinierender genetischer MPPT-Algorithmus 68
  3.3   Partikelschwarmoptimierung   74
      3.3.1   Local-Best-PSO ohne Gegengewichtung .   77
      3.3.2   Global-Best-PSO ohne Gegengewichtung .   80

		3.3.3	Global-Best-PSO inertia weight	82
		3.3.4	Global-Best-PSO constriction	84
	3.4	Bakterienalgorithmus		85
		3.4.1	BFO randomisiert	86
		3.4.2	BFO mit Gewichtung	91
		3.4.3	BFO global best	91
	3.5	Feuerwerkalgorithmus		93
		3.5.1	FWA-MPPT-Algorithmus	95
4	**Versuchsverfahren**			**99**
	4.1	Versuche in Anlehnung an EN 50530		99
		4.1.1	Statischer MPPT-Wirkungsgrad	100
		4.1.2	Dynamischer MPPT-Wirkungsgrad	102
	4.2	Versuche mit mehreren lokalen Maxima		107
		4.2.1	Statische Teilverschattung	109
		4.2.2	Periodische Teilverschattung	112
		4.2.3	Sprunghafter Kennlinienwechsel	117
	4.3	Auswertungssystem der Versuche		118
5	**Modellbildung mittels MATLAB/ Simulink**			**121**
	5.1	Rahmenbedingungen		122
		5.1.1	Einstrahlung	122
		5.1.2	Leistung, Strom und Spannung	123
		5.1.3	Takt-, Schalt- und Abtastfrequenzen	123
		5.1.4	Auflösung	124
		5.1.5	Kommaverschiebung	125
	5.2	Basismodell		125
		5.2.1	Regelstrecke	126
		5.2.2	Regler	129
		5.2.3	Überwachung	131
	5.3	Fehleranalyse		131

Inhaltsverzeichnis

    5.3.1   Quantisierungsfehler 131
    5.3.2   Fehlerfortpflanzung durch die Quantisierung 133
    5.3.3   Fehler in der Simulink-Datenstruktur . . . 138
    5.3.4   Messfehler 139

6 Untersuchung der MPPT-Algorithmen   141
  6.1 Versuchsdurchführung 142
  6.2 Ergebnisanalyse 144
    6.2.1   Bewertung der Versuchsergebnisse 145
    6.2.2   Auswertung zwecks Optimierung 148

7 Entwicklung eines optimierten MPPT-Algorithmus 157
  7.1 Umsetzung der Optimierungsansätze 159
    7.1.1   Globale Suche 160
    7.1.2   Lokale Suche 162
    7.1.3   Variable Schrittweite 163
    7.1.4   Detektion des MPP 164
    7.1.5   Energieabweichung 164
    7.1.6   Analyse der Kurvenstruktur 165
    7.1.7   Gradient der Stromänderung 167
    7.1.8   Zykluszeit 169
  7.2 Globaler MPPT-Algorithmus für hochdynamische Anwendungen 170
    7.2.1   Modell 173
    7.2.2   Versuche 178

Schlussfolgerung   185

A Abbildungen   189

B Tabellen   197

C Versuchsdurchführung in Simulink   209

Literaturverzeichnis 213

Inhaltsverzeichnis

Abbildungsverzeichnis

1.1 Blockdiagramm eines klassischen Regelkreises. . . 3
1.2 Ersatzschaltbild einer Solarzelle, vgl. [Rei14, S. 26]. 5
1.3 Abhängigkeiten des Solargenerators von Umweltgrößen [Simscape PV-Array Plot] 6
1.4 Vergleichskennlinien bei einem teilverschatteten Solargenerator zwischen Verschaltungsvarianten . 8
1.5 Komponenten einer MPPT-Regelung 9

2.1 Abhängigkeit zwischen U_{oc} und U_{mpp} 17
2.2 Zyklische Messung der Leerlaufspannung 19
2.3 Zyklische Abtastung der Generatorkennlinie . . . 24
2.4 Methode der Lastsprünge (P&O) nach [San10] . . 26
2.5 Schematische Darstellung des Funktionsprinzips der Methode der Lastsprünge (P&O) 27
2.6 Methode der inkrementellen Konduktanz nach [Rud13, Ver16] 29
2.7 Zustände der gewichteten Dreipunktmethode: 1. MPP: A ist Maximum; 2. Inkrement: zwei positive Gewichtungen (+); 3. Dekrement: zwei negative Gewichtungen (-); 4. Undefiniert: positive folgt auf negative Gewichtung. [Rud13] 31

Abbildungsverzeichnis

2.8	Gewichtete Dreipunktmethode	32
2.9	Problematik des Bergsteigeralgorithmus	35
2.10	2SMPPT Funktionsblock.	39
2.11	2SMPPT Zustandsdiagramm	40
2.12	Charakteristik der Maxima-Positionen einer Solargeneratorkennlinie unter Teilverschattung [Dar13]	41
2.13	NGMPPT Funktionsblock	43
2.14	NGMPPT Zustandsdiagramm	44
3.1	G-I_{SG}-Kennlinie bei $U_{SG} = 80\,V = const$	52
3.2	Exemplarische Darstellung der gleichverteilten (schwarz) und normalverteilten (grau) Individuen	56
3.3	Rahmenmodell der populationsbasierten Algorithmen	61
3.4	Darstellung der Rekombinationsarten [Wei15, S. 84 f.]	64
3.5	Schema des Funktionsprinzips des genetischen Algorithmus	65
3.6	GA int Zustandsdiagramm des Suchalgorithmus .	66
3.7	GA int Funktionsblock	67
3.8	Extrapolierender genetischer MPPT-Algorithmus	69
3.9	GA kom Zustandsdiagramm des Suchalgorithmus	72
3.10	GA kom Funktionsblock	73
3.11	Typische Topologien der PSO, vgl. [Bog13, S. 43]	75
3.12	Schema des Funktionsprinzips der Partikelschwarmoptimierung	77
3.13	PSO lb Funktionsblock	78
3.14	PSO lb Zustandsdiagramm des Suchalgorithmus .	79
3.15	PSO gb Zustandsdiagramm des Suchalgorithmus	81
3.16	PSO gb iw Zustandsdiagramm des Suchalgorithmus	83

Abbildungsverzeichnis

3.17 Ausschnitt des PSO gb c Zustandsdiagramms: Superstate *Imitation* 84
3.18 BFO rand Zustandsdiagramm des Suchalgorithmus 87
3.19 Ausschnitt des BFO gew Zustandsdiagramms: Superstate *Bewegungsphase* 90
3.20 Ausschnitt des BFO gb Zustandsdiagramms: Superstate *Bewegungsphase* 92
3.21 FWA Zustandsdiagramm des Suchalgorithmus .. 97
3.22 FWA Funktionsblock 98

4.1 Trapezsignal zur Ermittluung des dynamischen MPPT-Wirkungsgrad [Alo14] 103
4.2 P_{mpp} in Abhängigkeit der Einstrahlung G 108
4.3 Die fünf Kurven der statischen Teilverschattung . 110
4.4 Periodische Teilverschattung in einer Allee mit Baumstämmen 113
4.5 Signalverlauf für den Fall *Allee mit Baumstämmen* 113
4.6 Periodische Teilverschattung in einer Allee mit idealisierten Ästen 114
4.7 Signalverlauf für den Fall *Allee mit idealisierten Ästen* 115
4.8 Signalverlauf für den Fall *Allee mit lichtem Blattwerk* 116

5.1 Modell der Regelstrecke 127
5.2 Abtastraten der Solver 128
5.3 Modell des Reglers 130
5.4 Modell der Überwachung 130
5.5 Quantisierungsfehler 132
5.6 Darstellung des sekundären Quantisierungsfehlers bei $G = 600\,\frac{W}{m^2}$ mit der Schrittweite von 1 *digit* . 134

Abbildungsverzeichnis

5.7 Sekundärer Quantisierungsfehler, exemplarisch am genetischen Algorithmus 137

6.1 Kurve des Kennliniensprungs von 2SMPPT . . . 151
6.2 Kurve des Kennliniensprungs von *GA int (33)* . . 153
6.3 Kurve des Kennliniensprungs von FWA 155

7.1 Schematische Darstellung der ε-Umgebungen . . 161
7.2 Kurve des *GA kom (22)* während des dynamischen Versuchs mit einem Maximum 166
7.3 Kurve des Kennliniensprungs von *GA kom (22)* . 168
7.4 Kennliniensprung des 2SMPPT mit der Zykluszeit 10 ms 171
7.5 GHDMPPT Funktionsblock 174
7.6 GHDMPPT Zustandsdiagramm 175
7.7 GHDMPPT Programmablaufplan mit Pseudocode 177
7.8 GHDMPPT (1) Dynamischer Versuch mit einem Maximum: 30% $\rightarrow$ 100% $\frac{G}{G_{STC}}$ 182
7.9 GHDMPPT (1) Dynamischer Versuch mit mehreren lokalen Maxima: Kennliniensprünge 183

A.1 Darstellung des sekundären Quantisierungsfehlers bei $G = 100 \frac{W}{m^2}$ 190
A.2 Darstellung des sekundären Quantisierungsfehlers bei $G = 200 \frac{W}{m^2}$ 191
A.3 Darstellung des sekundären Quantisierungsfehlers bei $G = 300 \frac{W}{m^2}$ 192
A.4 Darstellung des sekundären Quantisierungsfehlers bei $G = 600 \frac{W}{m^2}$ 193
A.5 Darstellung des sekundären Quantisierungsfehlers bei $G = 700 \frac{W}{m^2}$ 194

A.6 Darstellung des sekundären Quantisierungsfehlers bei $G = 900\,\frac{W}{m^2}$ 195

A.7 Darstellung des sekundären Quantisierungsfehlers bei $G = 1000\,\frac{W}{m^2}$ 195

A.8 Simulink-Funktion *runden*: Eine Dezimalzahl a wird auf b Nachkommastellen gerundet. 196

C.1 Funktionsblöcke zur Versuchsauswertung 210
C.2 MPPT_Library 211
C.3 Basismodell 212

Abbildungsverzeichnis

Tabellenverzeichnis

2.1 Werteaufnahme zur Ermittlung des k-Faktors . . 17

4.1 Dynamischer MPPT-Versuch $1\,\% \to 10\,\% \frac{G}{G_{STC}}$. 104
4.2 Dynamischer MPPT-Versuch $10\,\% \to 50\,\% \frac{G}{G_{STC}}$. 104
4.3 Dynamischer MPPT-Versuch $30\,\% \to 100\,\% \frac{G}{G_{STC}}$ 104
4.4 P_{mpp} in Abhängigkeit der Einstrahlung G 108
4.5 Parameter der fünf Kurven der statischen Teilverschattung 110

6.1 Resultate: μ in % 143

7.1 Parameter des GHDMPPT für die Versuche . . . 180
7.2 Resultate der GHDMPPT-Versuche inkl. Vergleichswerte: μ in % 180

B.1 Auswirkungen des sekundären Quantisierungsfehlers auf die Regelungsergebnisse in Abhängigkeit von der Einstrahlung G und der Schrittweite in $digits$. $P\_max\,\hat{}$ ist der Spitzenwert, dp die Oszillationsamplitude, $ØP\_max$ der Mittelwert des Regelungsergebnisses und P_mpp der reale MPP in Watt. 198

B.2	Statische Versuche (Teil 1.1): τ in µs und μ in %	199
B.3	Statische Versuche (Teil 1.2): τ in µs und μ in %	200
B.4	Statische Versuche (Teil 2.1): τ in µs und μ in %	201
B.5	Statische Versuche (Teil 2.2): τ in µs und μ in %	202
B.6	Dynamische Versuche (Teil 1): μ und r in %, E in Ws	203
B.7	Dynamische Versuche (Teil 2): μ und r in %, E in Ws	204
B.8	GHDMPPT Statische Versuche (Teil 1): μ in % und τ in µs	205
B.9	GHDMPPT Statische Versuche (Teil 2): μ in % und τ in µs	206
B.10	GHDMPPT Dynamische Versuche (Teil 1): μ und r in % und E in Ws	207
B.11	GHDMPPT Dynamische Versuche (Teil 2): μ und r in % und E in Ws	208

Symbolverzeichnis

Im Folgenden werden die physikalischen Größen, Algorithmenvariablen und nicht-trivialen, mathematischen Operatoren aufgelistet. Triviale Platzhalter, Faktoren, Aufzählungsvariablen (z. B. i, j, k, n und m) und Symbole mit zwei Indizes zur inhaltlichen Differenzierung (z. B. $F_{q,max}$) werden nicht aufgeführt, sondern sind dem Kontext zu entnehmen.

$\boldsymbol{A}$	Populationsmatrix
A_i	Individuum
$a_{i,j}$	Element der Populationsmatrix
$ceil()$	ganzzahliges Aufrunden
D	Diffusstrahlung
d	mittlere Abstand zwischen zwei Individuen
d_{ges}	Gesamtabstand bzw. Durchmesser einer Population
$digit$	Ziffernschritt (Eingang MPPT-Algorithmus)
$feinschritt$	kleine Schrittweite (Eingang MPPT-Algorithmus)
$floor()$	ganzzahliges Abrunden
E	Energie

Symbolverzeichnis

$E_{\{alg\}}$	Energie des jeweiligen Algorithmus
E_{max}	maximale Energie; Referenzenergie für die *Alleeversuche*
E_v	Energieverlust; Energieabweichung
e_v	relativer Energieverlust
E_{tol}	Toleranzwert für die Energieabweichung
e_{tol}	Toleranzwert für die relative Energieabweichung
f	Fitnesswert
F_{mess}	Messfehler
F_{tol}	Fehlertoleranz
F_q	Quantisierungsfehler
G	Globalstrahlung; Einstrahlung
g_{best}	höchster Wert der Population
G_{max}	maximale Einstrahlung
G_{STC}	Globalstrahlung unter der Standardtestbedingung (STC: *standard test condition*)
grobschritt	große Schrittweite (Eingang MPPT-Algorithmus)
I	Strom
I_D	Diodenstrom
I_{max}	maximaler Strom
I_{mpp}	Strom des maximalen Leistungspunkts (MPP: *Maximum Power Point*)
I_{Ph}	Photostrom
I_s	gemessener Strom der Regelstrecke

Symbolverzeichnis

I_{sc}	Kurzschlussstrom (sc: *short circuit*)
I_{SG}	Solargeneratorstrom
k	Proportionalitätsfaktor
$kinder$	Kindindividuen pro Elternpaar oder Elternindividuum (Eingang MPPT-Algorithmus)
l_{best}	höchster Wert in der lokalen Umgebung
m	Steigung
Max_{gl}	globales Maximum
Min_{li}	linkes lokale Minimum
Min_{re}	rechtes lokale Minimum
$offset$	Offset-Spannung (Eingang MPPT-Algorithmus)
P	Leistung
P_{best}	höchste Leistung eines Individuums
p_{best}	höchster Wert des Individuums
P_i	Leistung des Individuums i
p_i	aktueller Wert des Individuums i
p_m	Mutationsrate
P_{mpp}	maximale Leistung eines Solargenerators (MPP: *Maximum Power Point*)
P_{real}	Leistung ohne Mess- und Quantisierungsfehler
P_{SG}	Leistung des Solargenerators
Pop	Gesamtpopulation
ΔP_{osz}	Oszillationsamplitude der Leistung
r	Relation

Symbolverzeichnis

r	Zufallszahl
$round()$	ganzzahliges, mathematisches Runden
$schalter$	Ausgangssignal, um den Schalter der Regelstrecke zu steuern
$schritt$	Schrittweite (Eingang MPPT-Algorithmus)
$sign()$	Vorzeichen
t	Zeit
T_M	Messzeit; Simulationszeit
U	Spannung
U_0	Spannungsnullpunkt ($0\,V$)
U_{aus}	Ausgangsspannung des MPPT-Algorithmus (nach Quantisierung); Stellsignal, identisch mit U_r
U_{best}	Spannung der höchsten Leistung eines Individuums
U_D	Diodenspannung
U_{ein}	Eingangsspannung des MPPT-Algorithmus (nach Quantisierung)
U_i	Spannung des Individuums i
U_{in}	Eingangsspannung des Gleichstromwandlers
U_{max}	maximale Spannung; Spannung eines lokalen Leistungsmaximums
U_{mpp}	Spannung des maximalen Leistungspunkts (MPP: *Maximum Power Point*)
U_{oc}	Leerlaufspannung (oc: *open circuit*)
U_{offset}	Offset-Spannung

Symbolverzeichnis

U_q	Quellenspannung
U_r	Ausgangsspannung des Reglers; Stellsignal, identisch mit U_{aus}
U_s	gemessene Spannung der Regelstrecke
U_{SG}	Solargeneratorspannung
U_{um}	Spannung der Umgebungsgrenze
U_ε	ε-Umgebung
u	Rückführung
v	Geschwindigkeit
vzw	Vorzeichenwechsel
w	Führungsgröße
x	analoger Wert
x	Regelgröße
x_q	quantisierter Wert
y	Stellgröße
z	Störgröße
$zyklus$	Zykluszeit (Eingang MPPT-Algorithmus)
$\Delta X, dX$	Differenz der Größe X
ε	Abweichung
η	Wirkungsgrad
λ	Kinderpopulation
λ_{rest}	Restkinderpopulation
μ, my	Elternpopulation; Gesamtpopulation

Symbolverzeichnis

τ	Dauer
Ω	Suchraum
Ω_ε	Suchumgebung
$\succ$	Nachfolger, z. B. $a \succ b$: a ist Nachfolger von b

KAPITEL 1

Einleitung

Dieses Buch handelt von Verfahren zur Leistungsoptimierung (engl. *Maximum Power Point Tracking*, MPPT) von Solargeneratoren. Es werden

- Grundlagen einleitend erklärt,
- herkömmliche MPPT-Algorithmen vorgestellt,
- heuristische Verfahren aus der Informatik erläutert und zu MPPT-Zwecken modifiziert,
- Untersuchungsverfahren für hochdynamische Anwendungen in Anlehnung an bestehende Normen erstellt,
- Modelle mittels MATLAB/ Simulink entworfen und getestet,
- systematische Fehlerquellen analysiert,
- Optimierungsansätze und -verfahren entwickelt.

Aus der Optimierung resultiert der *globale MPPT-Algorithmus für hochdynamische Anwendungen*. Jedoch zeigen die Untersuchungsergebnisse deutlich, dass mehrere unterschiedliche Lösun-

Kapitel 1 Einleitung

gen möglich sind, welches sich algorithmentheoretisch untermauern lässt.

Weitestgehend werden die Ergebnisse der Masterarbeit [Wun16] und die weiterführenden Ausarbeitungen und Erkenntnisse (vgl. [Wun17]) aufbereitet wiedergegeben, welche von MPPT-Algorithmen speziell für Solarfahrzeuge handeln. Deren Resultate lassen sich leicht auf andere MPPT-Probleme übertragen.

1.1 Einordnung des Themas

MPPT-Algorithmen für mobile Solargeneratoren dienen der Lösung einer besonderen regelungstechnischen Herausforderung, welche sich erstens von der klassischen Regelungstechnik abhebt und zweitens für hochdynamische Anwendungen ausgelegt werden muss. In der klassischen Regelungstechnik wird ein konkreter Soll-Wert (Führungsgröße w) vorgegeben, der dann durch den Regler und das Stellglied auf die Regelstrecke wirkt, wodurch sich der Ist-Wert (Regelgröße x) dem Soll-Wert nähert. Durch die Rückführung u wird überprüft, inwieweit der Ist-Wert dem Soll-Wert entspricht, damit entsprechend der Regelabweichung nachgeregelt wird, s. Abb. 1.1. Die Anpassung des Reglers an die Regelstrecke ist die übliche Disziplin der klassischen Regelungstechnik.

Bei der Leistungsmaximierung eines Solargenerators besteht die hauptsächliche Herausforderung jedoch nicht in der Auslegung des Reglers abhängig von der Regelstrecke, sondern dass der Soll-Wert kein konkreter, feststehender Wert ist. Die Anforderung lautet, immer das mögliche Leistungsmaximum des Solargenerators (Regelstrecke) auszuregeln. Da das Leistungsmaximum

1.1 Einordnung des Themas

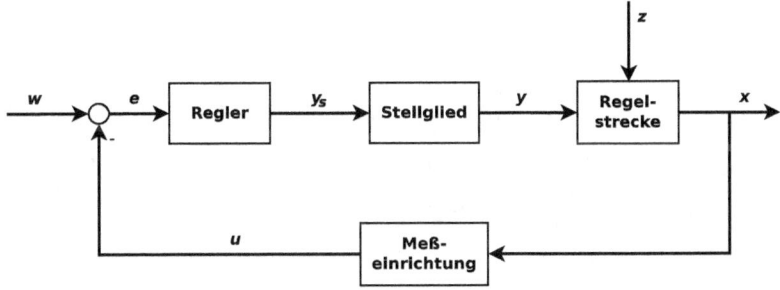

Abb. 1.1: Blockdiagramm eines klassischen Regelkreises.

von den Umwelteinflüssen abhängig ist, insb. der Lichteinstrahlung und der Temperatur, ändert sich der Soll-Wert ständig. Aus regelungstechnischer Sicht ist die Regelstrecke für Störgrößen (z) sehr anfällig. Ausgehend von dem klassischen Regelkreis (Abb. 1.1) übernimmt der MPPT nicht nur die Funktion des Reglers, sondern auch die Soll-Wert-Vorgabe abhängig von dem Zustand des Solargenerators, welcher wiederum von den Umwelteinflüssen abhängt. Der Zustand des Solargenerators wird je nach MPPT-Verfahren anhand der Strom- und Spannungsmessung des Solargenerators ausgewertet. Der MPPT gibt den ermittelten Stellbefehl an den Gleichspannungswandler (Stellglied) weiter, welcher die an den Solargenerator angelegte Spannung reguliert. Im Gegensatz zu den immobilen, z. B. auf Hausdächern montierten, Solargeneratoren können sich die Umwelteinflüsse bei mobilen Solargeneratoren vergleichsweise schnell ändern, insbesondere durch die Fahrgeschwindigkeit, die Änderung der Fahrtrichtung und die damit verbundene Änderung der Position der Solargeneratoren, die Problematik der auftretenden Teilverschattung und die sich möglicherweise ständig ändernde Teil- oder gar Vollverschattung. Dies stellt eine weitere Herausforderung bei der Auslegung des MPPT-Algorithmus für mobile Solargeneratoren dar.

Kapitel 1 Einleitung

1.2 Technische Einführung

Die technische Einführung dient einem Überblick über die relevante Technik, deren Zusammenhang mit der MPPT-Leistungsregelung und der Definition von Begriffen und Betrachtungsweisen.

1.2.1 Solarzelle/ Solargenerator

Die Solarzelle ist ein Halbleiterbauelement, das den photoelektrischen Effekt nutzt, um aus Lichteinstrahlung elektrische Energie zu generieren. Der so erzeugte Photostrom I_{Ph} ist proportional zur Einstrahlung G. Eine Solarzelle kann man vereinfacht als Stromquelle mit parallel geschalteter Diode betrachten, s. Abb. 1.2. Ein Solargenerator besteht primär aus einer oder mehreren verschalteten Solarzellen und sekundär aus zusätzlichen Elementen, wie Bypass- oder Strangdioden. Wird der Solargenerator kurzgeschlossen, so ist der Kurzschlussstrom gleich dem Solargeneratorstrom und gleich dem Photostrom, $I_{sc} = I_{SG} = I_{Ph}$, und die Solargeneratorspannung U_{SG} ist gleich Null. Im Leerlauf fließt der gesamte Photostrom über die Diode, $I_D = I_{Ph}$, und die Leerlaufspannung ist gleich der Solargeneratorspannung und gleich der Diodenspannung, $U_{oc} = U_{SG} = U_D$. Bei Anschluss einer Last passen sich Solargeneratorstrom und -spannung dem Lastwiderstand an.

Schließt man jedoch eine Spannungsquelle anstatt eines Widerstands an, so dass dem Solargenerator die Spannung der Spannungsquelle U_q auferlegt wird, so stellt sich I_{SG} gemäß der Solargeneratorkennlinie ein, s. Abb. 1.3. Also ist I_{SG} eine Funktion abhängig von U_q. Eine veränderbare Spannungsquelle, z. B. ein

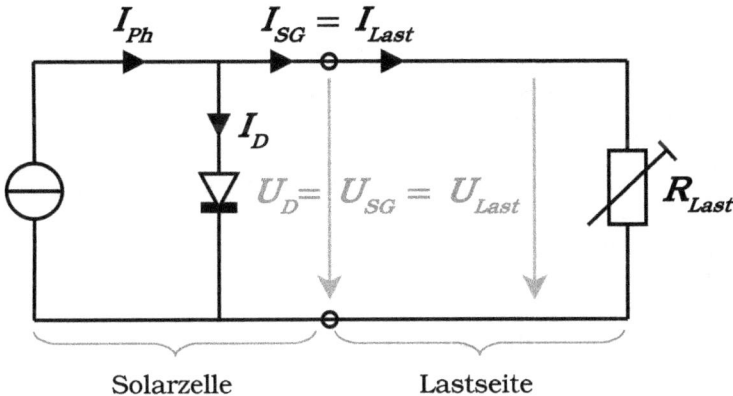

Abb. 1.2: Ersatzschaltbild einer Solarzelle, vgl. [Rei14, S. 26].

eingangsseitig taktbarer Gleichspannungswandler, ermöglicht die Einstellung des Arbeitspunkt eines Solargenerators.

Abhängigkeiten

Die Solargeneratorkenngrößen sind von den Umweltgrößen

- Einstrahlung G; und
- Temperatur T

abhängig, s. Abb. 1.3. Zusätzlich ist der Solargeneratorsstrom I_{SG} von der angelegten

- Quellenspannung U_q

abhängig und damit einstellbar.

Aus dem regelungstechnischen Blickwinkel ist ein Solargenerator eine durch Spannung einstellbare Stromquelle mit den Störgrößen Einstrahlung und Temperatur, obgleich in Sinne der abgegebenen Leistung eine hohe Einstrahlung bei niedriger Temperatur wünschenswert wäre.

Kapitel 1 Einleitung

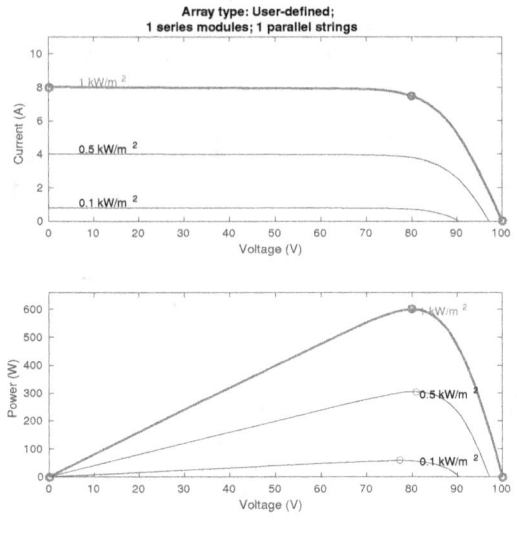

(a) Einstrahlung

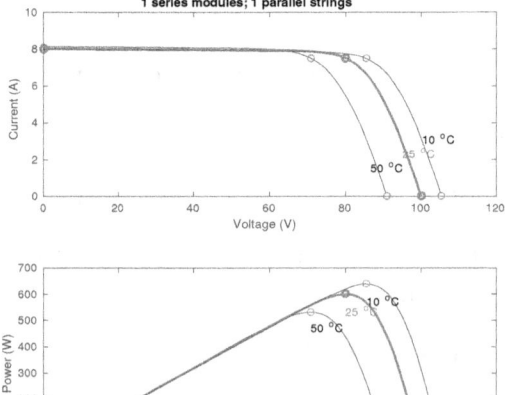

(b) Temperatur

Abb. 1.3: Abhängigkeiten des Solargenerators von Umweltgrößen [Simscape PV-Array Plot]

1.2.2 Verschaltungsvarianten und die Problematik der Teilverschattung

Generell können Solarzellen parallel und seriell geschaltet werden. Bei paralleler Schaltung addieren sich die Teilströme, und die Spannung ist an allen Solarzellen identisch. Bei serieller Schaltung addieren sich die Teilspannungen, und der Strom, der durch alle Solarzellen fließt, ist identisch. Problematisch bei der Reihenschaltung ist, dass die Solarzelle mit dem niedrigsten Strom den Strom des gesamten Strangs bestimmt. Dies kann durch *Mismatch*, also durch Fehlanpassung der Zellenströme, denkbar wäre auch durch Temperaturunterschied zwischen den Solarzellen oder insbesondere durch Teilverschattung entstehen, vgl. [Rei14, S. 27 f.]. Wie in dem Abschnitt 1.2.1 erwähnt, ist der Photostrom I_{Ph} proportional zur Einstrahlung G. Also liefert die Solarzelle mit der geringsten Einstrahlung den kleinsten Teilstrom und bestimmt damit den Gesamtstrom der seriellen Schaltung.

Um der Problematik der Teilverschattung entgegenzuwirken, werden üblicherweise Bypass-Dioden parallel zu den Solarzellen geschaltet, so dass im Fall der Teilverschattung der höhere Strom der unverschatteten oder weniger verschatteten Solarzellen durch die Bypass-Dioden geleitet wird, um die Leistungsverluste zu verringern.

Zur Erstellung der Vergleichskennlinien in der Abb. 1.4 werden Solarmodulmodelle, wie in Kapitel 5 beschrieben, verwendet. Die schwarze durchgezogene Linie zeigt die Leistungskurve des unverschatteten Solargenerators mit einem MPP von ca. 580 W. Um Teilverschattungen zu simulieren, werden die fünf Solarmodulteile mit fünf unterschiedlichen Einstrahlungsstärken beaufschlagt: 200 W/m², 400 W/m², 600 W/m², 800 W/m² und 1000

Kapitel 1 Einleitung

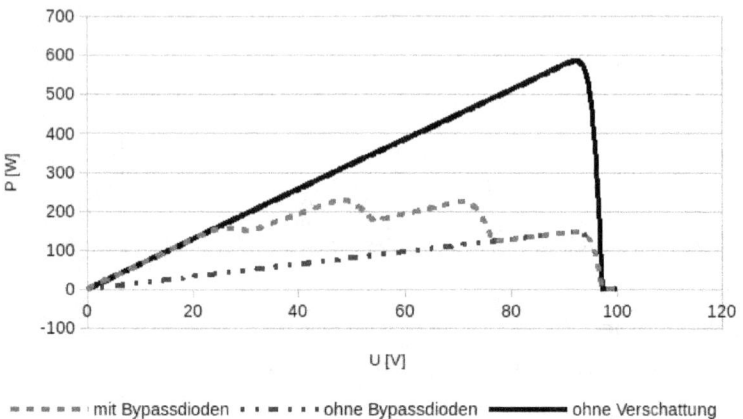

Abb. 1.4: Vergleichskennlinien bei einem teilverschatteten Solargenerator zwischen Verschaltungsvarianten

W/m². Die dunkelgraue Strichpunktlinie zeigt die Kennlinie der Schaltung ohne Bypassdioden mit einem MPP von ca. 140 W. Die hellgraue gestrichelte Linien stellt die Kennlinie der gleichen Schaltung mit Bypassdioden dar. Der höhere MPP von ca. 230 W und die daraus resultierende Leistungsdifferenz von 90 W sind signifikant. Ferner ist zu erkennen, dass die Leistungskennlinie mit Bypass-Dioden mehrere lokale Maxima besitzt. Die Schaltung ohne Bypassdioden weist nur ein einziges Maximum auf, welches im Vergleich zu mehreren lokalen Maxima regelungstechnische Vorteile in der Erkennung des MPP bietet.

1.2.3 Maximum Power Point Tracker

Ein *Maximum Power Point Tracker* (MPPT) ist ein Regler, der nach dem Leistungsmaximum sucht. MPPT für Verfahren mit Suchbewegung (s. Abschnitt 2.3) bestehen üblicherweise aus einem Mikrocontroller, einem Gleichstromwandler und Sensoren

1.2 Technische Einführung

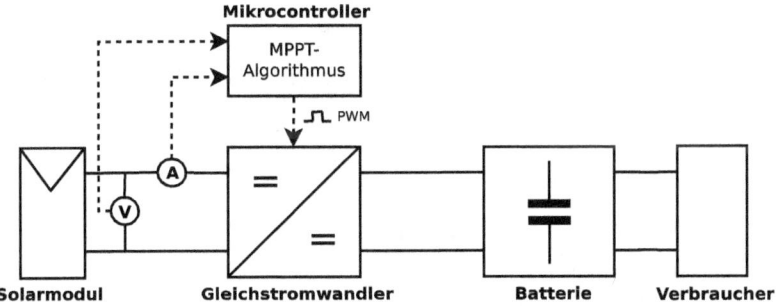

Abb. 1.5: Komponenten einer MPPT-Regelung

für die Spannungs- und Strommessung, s. Abb. 1.5.

Der Mikrocontroller enthält den MPPT-Algorithmus, der die aufgenommenen Spannungs- und Strommesswerte kontinuierlich auswertet, Stellbefehle generiert und als pulsweitenmodulierte Signale (PWM) an den Gleichstromwandler übergibt. Der Stellbefehl entspricht einer Quellspannung U_q, durch die sich die Solargeneratorspannung $U_{SG} = U_q$ und der Solargeneratorstrom $I_{SG}(U_q)$ ändern und sich der Arbeitspunkt $P_{SG} = U_{SG} \cdot I_{SG}$ einstellt. Ziel des MPPT ist, den maximalen Leistungswert P_{mpp} zu finden.

1.2.4 Definition für Algorithmus

Rimscha beschreibt einen Algorithmus als

> „eine Arbeitsanweisung. die uns zeigt, wie eine Aufgabe zu lösen ist – vorzugsweise am Computer. [...] In unserem alltäglichen Leben kommt ein Kochrezept dem wohl am nächsten." [Rim10, S. 3]

Er führt weiter aus, dass ein Algorithmus

- *allgemein gültig* für gleichartige Aufgabenstellungen;

Kapitel 1 Einleitung

- *ausführbar* durch eindeutige Vorgaben; und
- in der Regel *endlich* mit einem Abbruchkriterium versehen (mit der Ausnahme von unendlichen Schleifen)

sein muss, vgl. [Rim10, S. 3 f.].

Technisch sollte ein Algorithmus

- verständlich;
- implementierbar;
- *debug*-fähig;
- recheneffizient (schnell); und
- korrekt

sein, welches sich zum Teil widersprechende Anforderungen sind (vgl. [Neb12, S. 7 f.]), z. B. Geschwindigkeit ↔ Korrektheit oder Verständlichkeit ↔ Implementierbarkeit/ Geschwindigkeit.

Algorithmentheoretisch lässt sich jeder berechenbare, lösbare Algorithmus als *While-Programm* beschreiben (s. [Neb12, S. 3]), welches mit

> „Eine Funktion $f \in Abb\left(\mathbb{N}_0^k, \mathbb{N}_0\right)$ heißt *While-berechenbar*, falls es ein *While-Programm* P gibt, das f in dem Sinne berechnet, dass P, gestartet mit $n_1, n_2, \ldots, n_k$ in den Variablen $x_1, x_2, \ldots, x_k$ (und 0 in den restlichen Variablen) mit dem Wert $f(n_1, n_2, \ldots, n_k)$ in der Variablen x_0 stoppt, sofern $f(n_1, \ldots, n_k)$ definiert ist, und ansonsten nie anhält." [Neb12, S. 5]

definiert ist.

MPPT-Algorithmus

Bezogen auf das konkrete Problem des *Maximum Power Point Trackings* kann man zusammenfassen, dass ein MPPT-Algorithmus

1.2 Technische Einführung

ein Suchverfahren mit dem Ziel, das Leistungsmaximum zu finden, ist.

Die grundlegenden Eingangsvariablen sind üblicherweise die Spannung U_{SG} und der Strom I_{SG} des Solargenerators, anhand derer der MPPT-Algorithmus den Stellbefehl, die Quellenspannung U_q, ermittelt. Gradientenverfahren besitzen überwiegend kein Abbruchkriterium, so dass der Algorithmus ständig um den MPP oszilliert. Andere Verfahren, insb. die hier entwickelten populationsbasierten MPPT-Algorithmen, verfügen über ein Abbruch- und Wiederaufnahmekriterium für die Suche nach dem Leistungsmaximum.

Die Darstellung und Umsetzung der MPPT-Algorithmen mit MATLAB/ Simulink, schafft eine gewisse Verständlichkeit, Implementierbarkeit (in andere Programmiersprachen) und *Debug*-Fähigkeit. Die Analyse der Algorithmen auf Recheneffizienz und Korrektheit wird durch eigens entwickelte Versuchverfahren praktiziert, welche sich teilweise an der Norm EN 50530 orientieren.

1.2.5 Notation

In den Simulink-Modellen sind die Indices hinter einen Unterstrich oder direkt hinter der physikalischen Größe geschrieben, z. B. wird die gemessene Stromstärke der Regelstrecke I_s im Simulink-Modell als „I_s" benannt. Im folgenden Text werden die Indices zugunsten der Lesbarkeit wie gewohnt tiefgestellt.

Wenn die Einheit nicht ausdrücklich anders benannt ist, werden Spannungen in Volt, Stromstärken in Ampere und Leistungen in Watt angegeben und in diesen Einheiten an die verschiedenen Modellabschnitte und Funktionsblöcke übergeben.

Kapitel 1 Einleitung

1.2.6 Numerische Angaben

Die numerischen Angaben beziehen sich stets auf das in Kapitel 5 gebildete Basismodell der Regelstrecke. Die Regelstrecke besteht hauptsächlich aus dem Solargenerator für ein solarenergiebetriebenes Elektrofahrzeug, welches in Zusammenhang mit der Masterarbeit [Wun16] steht. Zusätzlich wurden in dem Modell der Mikroprozessor und der Gleichstromwandler (Eingangsseite) berücksichtigt.

Anhand des Basismodells lassen sich quantitative Aussagen treffen, die wiederum bei exakter Modellbildung qualitative Schlüsse über die Komponenten und die MPPT-Algorithmen zulassen. Darüber hinaus werden die MPPT-Algorithmen an dem Basismodell mit MATLAB/ Simulink getestet.

KAPITEL 2

Herkömmliche MPPT-Algorithmen

Die in diesem Kapitel beschriebenen MPPT-Algorithmen sind Standardverfahren, die in vielen Veröffentlichungen zum Thema MPPT beschrieben, untersucht und modifiziert werden. Allgemein werden die Algorithmen in Textform, als Pseudocode oder als Programmablaufplan (PAP) bzw. als Flussdiagramm dargestellt. Zur weiteren Untersuchung werden die Algorithmen als *Simulink-Stateflow*-Zustandsdiagramm (SSF) realisiert.

Die herkömmlichen MPPT-Algorithmen werden in Verfahren mit Suchbewegung, Zyklische Abtastung der Generatorkennlinie (als besonderes Verfahren), Verfahren mit Suchbewegung und mehrstufige MPPT-Verfahren gegliedert.

Kapitel 2 Herkömmliche MPPT-Algorithmen

Überprüfung der Umsetzung des Stellbefehls

Meistens wird bei den vorgestellten MPPT-Algorithmen der Fachliteratur nicht berücksichtigt, ob der Stellbefehl vor Beginn des darauf folgenden Zustands umgesetzt wurde. In manchen Fällen, wie in der Dissertation [Spr03], werden Wartezeiten zur Umsetzung des Stellbefehls einkalkuliert.

Bei der Programmierung muss aber sichergestellt werden, dass der Stellbefehl U_{aus} umgesetzt wird, weil undefinierte Zustände zu fehlerhaften Berechnungen und Regelergebnissen führen können. In den folgenden, als Zustandsdiagramm realisierten Algorithmen wird in den entsprechenden Transitionen zwischen zwei Zuständen überprüft, ob das aktuelle Eingangssignal U_{ein} mit dem Stellbefehl U_{aus} identisch ist:

$$U_{ein} = U_{aus} \tag{2.1}$$

Zur Umsetzung mit MATLAB/ Simulink wird Aufgrund einer Ungenauigkeit in der Simulink-Datenstruktur ab der dreizehnten Nachkommastelle (s. Abschnitt 5.3.3) bei der Transitionsbedingung auf die sechste Nachkommastelle gerundet:

$$runden(U_{ein}, 6) = runden(U_{aus}, 6) \tag{2.2}$$

Bei nicht bekannten Eingangsspannungssignalen, wie bei der Messung der Kurzschlussspannung U_{oc}, gilt eine Änderung der Eingangsspannung als Transitionsbedingung:

$$U_{ein,k} \neq U_{ein,(k-1)} \tag{2.3}$$

mit k als aktuelle Abtastung und $k-1$ als vorherige Abtastung ($k \succ k-1$).

Erst wenn eine dieser Bedingungen *wahr* ist, erfolgt der Übergang in den Folgezustand.

2.1 Verfahren ohne Suchbewegung

Verfahren ohne Suchbewegung werden auch Referenzmethoden genannt, bzw. auf Englisch *indirect methods* oder *quasi-seek methods*. Es handelt sich um Methoden, die die Eigenschaften und Parameter eines speziellen Solargenerators als bekannt voraussetzen und einen Bezug zwischen dem *Maximum Power Point* (MPP) und einer anderen Größe als der Leistung herstellen.

2.1.1 Zyklische Messung der Leerlaufspannung

Bei der zyklischen Messung der Leerlaufspannung (engl.: *fractional open circuit voltage method*, FOCV) wird eine lineare Proportionalität zwischen der Leerlaufspannung U_{oc} und der Spannung des MPP U_{MPP} angenommen:

$$U_{MPP} = k \cdot U_{oc} \qquad (2.4)$$

Der Faktor k muss empirisch für jeden Solargenerator ermittelt werden. Aber selbst wenn ein optimaler Faktor k für einen bestimmten Solargenerator ermittelt wurde, durch den jede beliebige Leerlaufspannung genau dem MPP zugeordnet werden kann, so ist der Zustand des Solargenerators zwischen den Mess- und Einstellzyklen ungewiss.

Das *regelungstechnische Dilemma* ist, dass man durch die Messung der Leerlaufspannung den Stromkreis unterbricht, also sich nicht mehr im oder nahe des MPP befindet. Das heißt, der Wir-

Kapitel 2 Herkömmliche MPPT-Algorithmen

kungsgrad des MPPTs sinkt durch Abfragen des Zustands des Solargenerators.

> „Unter einer annähernd konstanten bzw. einer sich nur sehr langsam ändernden Sonneneinstrahlung kann der MPP durch eine Näherung relativ genau gefunden werden" [Rud13].

Also ist erstens die zyklische Messung der Leerlaufspannung nur für sehr langsame Einstrahlungsänderungen geeignet, und zweitens handelt es sich um eine Näherung. Wie auch Sanz Morales folgert:

> „One more disadvantage is that the MPP reached is not the real one because the relationship is only an approximation." [San10]

Letztendlich muss man zu der Schlussfolgerung kommen, dass die Methode der zyklischen Messung der Leerlaufspannung für die Anwendung eines Solarfahrzeugs aus Gründen der fehlenden Genauigkeit durch einen angenäherten Faktor k, der nicht kontinuierlichen (bzw. nicht quasi-kontinuierlichen) Messwerteaufnahme und dem oben beschriebenen regelungstechnischen Dilemma ungeeignet ist.

Dennoch wird zu Vergleichszwecken für die Untersuchung der Verfahren mit Suchbewegungen das Modell gebildet.

Ermittlung des Faktors k für die Regelstrecke des Basismodells

Das Basismodell ist das Ergebnis der Modellbildung mittels MATLAB/ Simulink für die Regelstrecke, also dem Solargenerator, s. Kapitel 5. Mit dem Modells werden die in Simulink Stateflow (SSF) erstellten MPPT-Algorithmen getestet.

2.1 Verfahren ohne Suchbewegung

$G\ [\frac{W}{m^2}]$	$U_{oc}\ [V]$	$U_{mpp}\ [V]$
1	73,39	65,33
10	82,22	70,67
50	88,46	76,69
100	91,13	79,15
200	93,80	81,77
300	95,36	83,35
500	97,33	85,09
750	98,89	86,59
1000	100	87,69

Tabelle 2.1: Werteaufnahme zur Ermittlung des k-Faktors

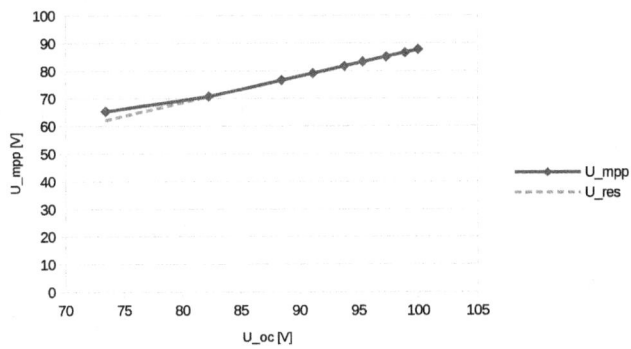

Abb. 2.1: Abhängigkeit zwischen U_{oc} und U_{mpp}

Die Werte in Tab. 2.1 und der Graph in Abb. 2.1 zeigen, dass zwischen den Einstrahlungen $10\,\frac{W}{m^2}$ und $1000\,\frac{W}{m^2}$ bei konstanter Temperatur von 25 °C das Verhältnis zwischen U_{oc} und U_{mpp} mit einer Abweichung $\varepsilon < 0,13\,\%$ linear ist. Die resultierende Gerade lautet:

$$U_{mpp,res} = 0,96236 \cdot U_{oc} - 8,5462\,V \qquad (2.5)$$

Also beträgt der k-Faktor $k = 0,96236$ mit einem Offset von $U_{offset} = -8,5462\,V$, oder ohne Offset ca. $k \approx 0,876$ mit einer

Kapitel 2 Herkömmliche MPPT-Algorithmen

erheblich höheren Abweichung.

Modell

Der Funktionsblock (Abb. 2.2a) hat die Eingänge U_{ein}, *digit*, *zyklus*, *k* und *offset*. An U_{ein} wird die digitalisierte Spannung der Regelstrecke übergeben. Mit *digit* wird der Ziffernschritt des Ausgangs und Stellbefehls U_{aus} in Volt und mit *zyklus* die Zykluszeit in Sekunden festgelegt. Der Faktor *k* (dimensionslos) und ggf. eine Offsetspannung *offset* in Volt ergeben sich aus der Linearisierung der U_{oc}-U_{mpp}-Kurve.

Im ersten Zustand *Schalter_oeffnen* wird zuerst die aktuelle Spannung gemessen und einem Merker $U = U_{ein}$ zugeordnet, und dann der Schalter geöffnet, um den Solargenerator in den Zustand des Leerlaufs zu versetzen, s. Abb. 2.2b. Die Transition in den nächsten Zustand hat als Übergangsbedingung die Abfrage, ob die Spannung U_{ein} sich verändert hat, also $U_{ein} \neq U$. In dem zweiten Zustand *U_oc_messen* wird erst die Leerlaufspannung U_{oc} gemessen, dann wird der Schalter wieder geschlossen, die Spannung im MPP berechnet

$$U_{mpp} = k \cdot U_{oc} + U_{offset} \qquad (2.6)$$

und der Stellbefehl aufrundend quantisiert

$$U_{aus} = ceil\left(\frac{U_{mpp}}{digit}\right) \cdot digit \qquad (2.7)$$

Danach wird die Zykluszeit abgewartet, bis die Leerlaufspannung erneut gemessen und U_{mpp} ermittelt wird.

2.1 Verfahren ohne Suchbewegung

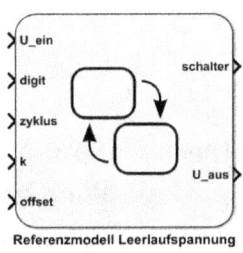

(a) Funktionsblock

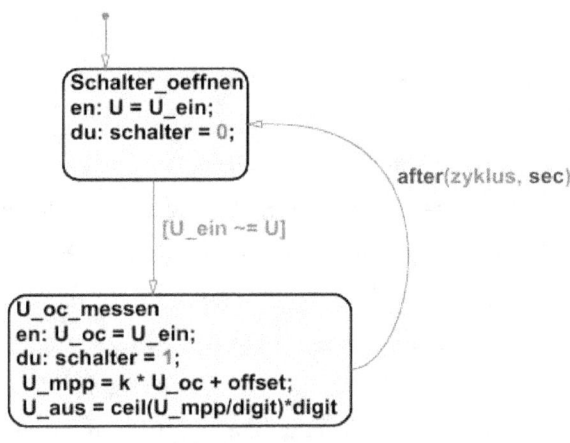

(b) Zustandsdiagramm

Abb. 2.2: Zyklische Messung der Leerlaufspannung

Kapitel 2 Herkömmliche MPPT-Algorithmen

2.1.2 Zyklische Messung des Kurzschlussstroms

Bei der zyklischen Messung des Kurzschlussstroms (engl.: *fractional short circuit current method*) wird eine lineare Proportionalität zwischen dem Kurzschlussstrom I_{sc} und dem Strom des MPP I_{mpp} angenommen:

$$I_{mpp} = k \cdot I_{sc} \qquad (2.8)$$

Die Methode ist dem Prinzip der zyklischen Messung der Leerlaufspannung ähnlich. Daher gilt die Auswertung der zyklischen Messung der Leerlaufspannung auch analog für die zyklische Messung des Kurzschlussstroms, s. Abschnitt 2.1.1. Die Methode wird nicht weiter untersucht.

2.1.3 Einstrahlungsmessung mittels Pilotzelle

Dem o. g. *regelungstechnischen Dilemma* (s. Abschitt 2.1.1) kann man wenigstens teilweise durch den Einsatz einer Pilotzelle entgegenwirken. Bei der Einstrahlungsmessung mittels Pilotzelle (engl. *pilot cell method*) werden beliebige Messungen, z. B. die zyklische Messung der Leerlaufspannung oder des Kurzschlussstroms, an nur einer Solarzelle, der sog. Pilotzelle, durchgeführt. Das Messergebnis gilt als Einstellreferenz für alle anderen Solarzellen.

Das Dilemma ist zwar für alle anderen Solarzellen außer der Pilotzelle behoben, jedoch muss sichergestellt werden, dass die anderen Solarzellen den gleichen Umwelteinflüssen wie der Pilotzelle unterliegen. Bei einem Solarfahrzeug ist diese Bedingung nicht gegeben. Durch potenziell wechselnde Teilverschattungen und eventuell unterschiedliche Ausrichtung durch die Karosserieform kann man nicht von dem Zustand einer Solarzelle auf die nächste schließen. Daher ist die Anwendung einer Pilotzelle für Solarfahrzeuge ungeeignet und wird nicht näher untersucht.

2.1.4 Methode der Referenzwertetabelle

Bei der Methode der Referenzwertetabelle (engl.: *look up table method*) ist in einer Tabelle eine Kennlinienschar gespeichert, die jedem gemessenen Spannungs-Strom-Wertepaar einen MPP zuordnen kann.

> „The stored database contains different system condition for any insolation and temperature, and corresponding maximum power point for specific solar PV array" [Ver16].

Verma *et al.* benennen einzig den Nachteil der erforderlichen hohen Speicherkapazität für solch ein MPP-Tracking-Verfahren, wenn alle möglichen Systembedingungen berücksichtigt werden. Des Weiteren muss die Eindeutigkeit der Zuordnung vom Spannungs-Strom-Wertepaar zum MPP angezweifelt werden, wenn die Temperatur mit berücksichtigt werden soll. Denn wie in der Abb. 1.3b erkennbar, liegen die verschiedenen temperaturabhängigen Kennlinien zu weiten Teilen übereinander. Bei Kennlinien mit mehreren lokalen Maxima ist die Eindeutigkeit der Zuordnungen aber garantiert nicht mehr gegeben. Daher wird diese Methode als ungeeignet klassifiziert und nicht weiter untersucht.

2.1.5 Fazit

In der Fachliteratur werden viele Referenzmethoden und Variationen derer vorgestellt, deren Prinzipien darauf basieren, den MPP mithilfe anderer Parameter als der Leistung zu finden. Beispielsweise werden bei der Betamethode die elektrischen Bauteileigenschaften herangezogen, um ein Stellsignal zu generieren. Bei

Kapitel 2 Herkömmliche MPPT-Algorithmen

der Temperaturmethode wird auf den MPP über den Temperaturgradient der Solarzellen geschlossen.

Jedoch alle Referenzmethoden haben den entscheidenden Nachteil, dass ihr Ergebnis nur ein Näherungswert ist, der vom realen MPP teilweise erheblich abweichen kann. Keine Referenzmethode hat die Fähigkeit, den realen MPP insbesondere unter dynamischen Umgebungskonditionen zu finden. Daher werden im Folgenden ausschließlich Verfahren vorgestellt, die das Potenzial besitzen, den realen MPP (unter Berücksichtigung der Auflösung und des Quantisierungsfehlers) zu ermitteln.

2.2 Zyklische Abtastung der Generatorkennlinie

Die Abtastung der gesamten Generatorkennlinie ist ein triviales MPPT-Verfahren, vgl. [Spr03]. Es ist sozusagen die *brute-force-*Methode[1] der MPPT-Algorithmen und hat dadurch die Fähigkeit, unabhängig von der Anzahl der lokalen Maxima das globale Maximum zu ermitteln. Im statischen Fall ist es unter Berücksichtigung der Auflösung und des Quantisierungsfehlers ein ganz genaues Verfahren. Jedoch in dynamischen Systemen muss die Abtastung zyklisch erfolgen. Wie bei allen zyklischen, nichtkontinuierlichen Messungen, bei denen man von dem aktuellen Regelwert abweicht, tritt das *regelungstechnische Dilemma* ein: Je häufiger der Ist-Zustand des Solargenerators abgefragt – also hier die Generatorkennlinie abgetastet – wird, desto kleiner wird der Wirkungsgrad.

Als die trivial genauste Methode, das globale Maximum zu fin-

---

[1] *brute force*: alle Möglichkeiten werden ermittelt.

2.2 Zyklische Abtastung der Generatorkennlinie

den, wird die zyklische Abtastung der Generatorkennlinie untersucht.

Modell

Die Generatorkennlinie wird von $U = 0\,V$ bis zur Leerlaufspannung U_{oc}, also $I = 0\,A$, zyklisch abgetastet und das Leistungsmaximum ermittelt.

Der Funktionsblock (Abb. 2.3a) hat die Eingänge U_{ein}, I_{ein}, *digit*, *schritt* und *zyklus*. An U_{ein} und I_{ein} werden die digitalisierten Messwerte der Regelstrecke übergeben. Mit *digit* wird der Ziffernschritt des Ausgangs und Stellbefehls U_{aus} in Volt, mit *schritt* die Schrittweite in ganzzahligen Vielfachen eines Ziffernschritts und mit *zyklus* die Zykluszeit in Sekunden festgelegt. Die Ausgabe des Leistungsmaximums P_{mpp} ist optional.

Im initialen Zustand *Messen* werden die Messwerte genommen und die aktuelle Leistung P berechnet. Ist die aktuelle Leistung größer als das Leistungsmaximum, wird in dem Zustand *Maximum* die Leistung und die Spannung des MPP den aktuellen Werten neu zugewiesen ($P_{mpp} = P$ und $U_{mpp} = U$). Wenn die Leerlaufspannung noch nicht erreicht ist, also $I > 0\,A$, wird der Stellbefehl und damit die Spannung des Solargenerators im Zustand *Inkrement* um eine Schrittweite erhöht, und es wird neu gemessen. Wenn die Leerlaufspannung bei $I \leq 0\,A$ erreicht ist[2] und damit die Generatorkennlinie vollständig abgetastet wurde, wird im Zustand *Einstellung_ MPP* über den Stellbefehl U_{aus} die Solargeneratorspannung auf U_{mpp} gesetzt, bis der Zyklus abgelaufen ist. Dann werden im Zustand *Ruecksetzung* alle Werte

---
[2]Eigentlich $I = 0$, aber erstens ist $I < 0$ durch die quantisierten Signale möglich, und zweitens erhöht die Berücksichtigung aller möglichen Fälle die Konsistenz des Zustandsdiagramms.

Kapitel 2 Herkömmliche MPPT-Algorithmen

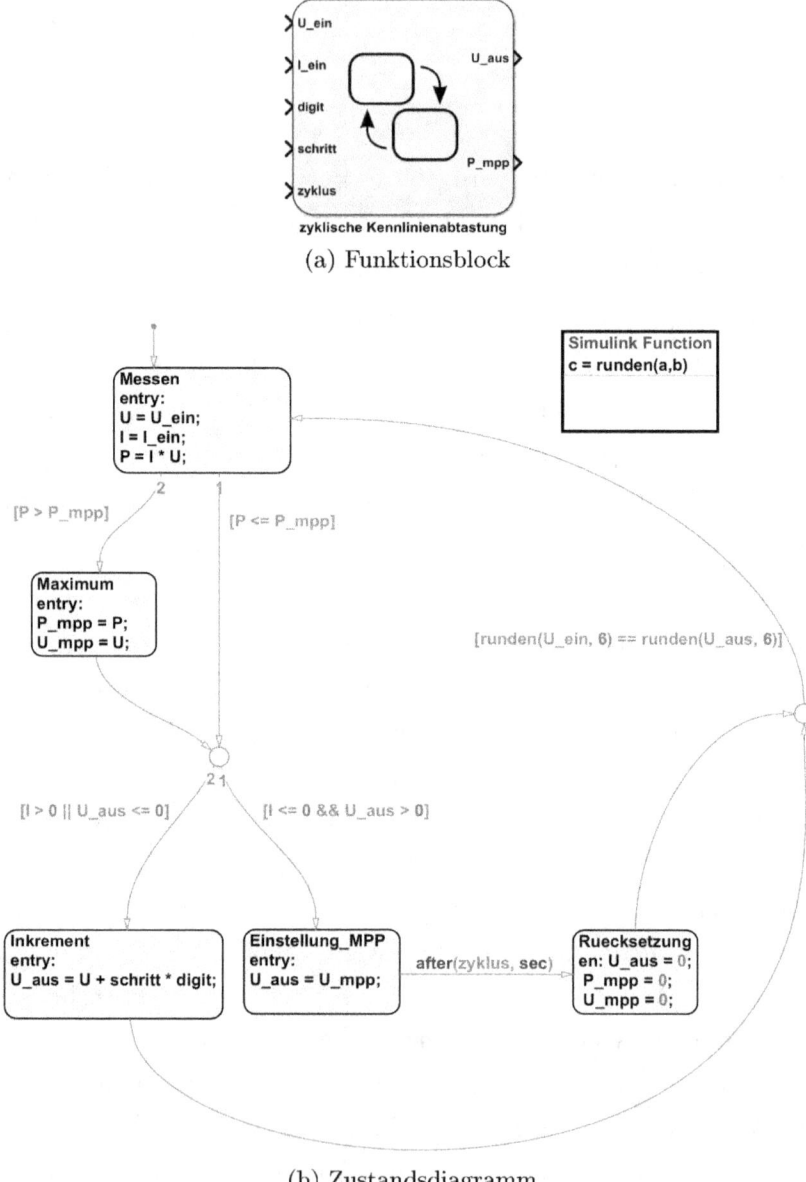

(a) Funktionsblock

(b) Zustandsdiagramm

Abb. 2.3: Zyklische Abtastung der Generatorkennlinie

zurückgesetzt, und die Generatorkennlinie erneut vollständig abgetastet.

2.3 Verfahren mit Suchbewegung

Verfahren mit Suchbewegung werden auf Englisch *direct methods* oder *true-seek methods* genannt. Sie werten die Messungen der Spannung U_{SG} und des Stroms I_{SG} des Solargenerators aus und nähern sich iterativ basierend auf der Auswertung vorheriger Messergebnisse dem realen Leistungsmaximum an. Die *Methode der Lastsprünge* (Abschnitt 2.3.1) und die *Methode der inkrementellen Konduktanz* (Abschnitt 2.3.2) sind die beiden Standardverfahren mit Suchbewegung, die in sehr vielen wissenschaftlichen Veröffentlichungen und in der Fachliteratur, wie auch in [Wes13, S. 246 ff.], teilweise mit verschiedenen Bezeichnungen und in unterschiedlichen Versionen zu finden sind.

2.3.1 Methode der Lastsprünge

Die Methode der Lastsprünge (engl. *Perturb and Observe*, P&O) ist ein klassischer *Bergsteigeralgorithmus* (engl. *hillclimbing algorithm*), der bei Variation des Stellsignals die Leistungen vergleicht und die Richtung mit der höheren Leistung einschlägt, also sich immer auf der Solargeneratorkurve „bergauf" bewegt.

Der Funktionsblock (Abb. 2.4a) hat die Eingänge U_{ein}, I_{ein}, *digit* und *schritt*. An U_{ein} und I_{ein} werden die digitalisierten Messwerte der Regelstrecke übergeben. Mit *digit* wird der Ziffernschritt des Ausgangs und Stellbefehls U_{aus} in Volt und mit *schritt* die Schrittweite in ganzzahligen Vielfachen eines Ziffernschritts festgelegt.

Kapitel 2 Herkömmliche MPPT-Algorithmen

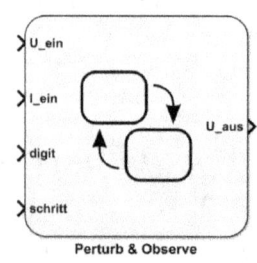

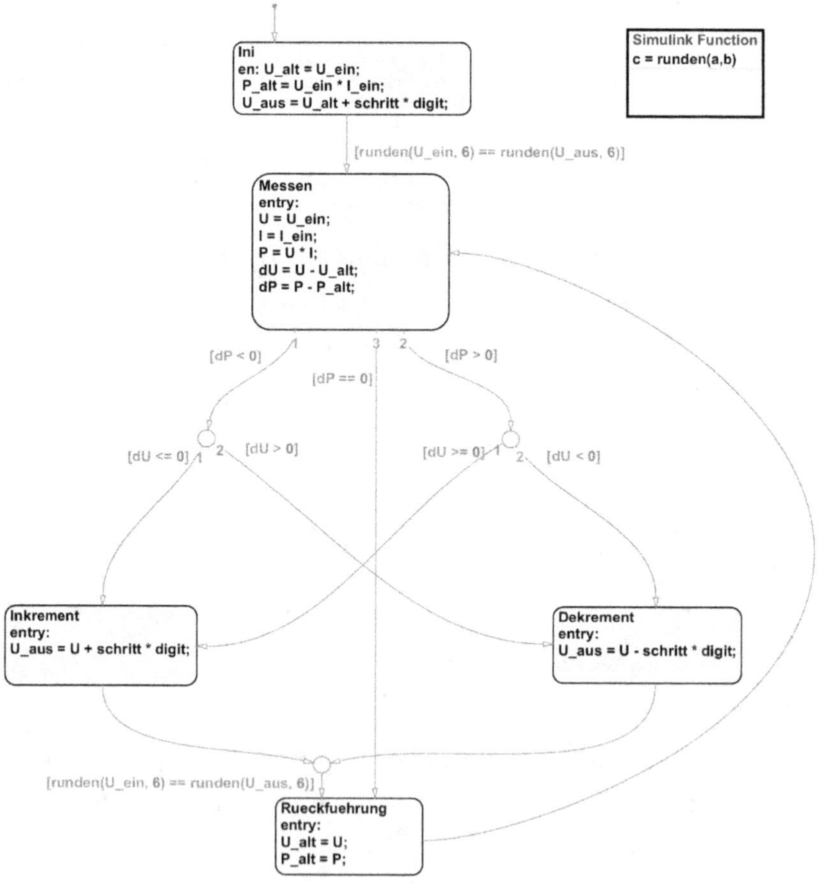

Abb. 2.4: Methode der Lastsprünge (P&O) nach [San10]

2.3 Verfahren mit Suchbewegung

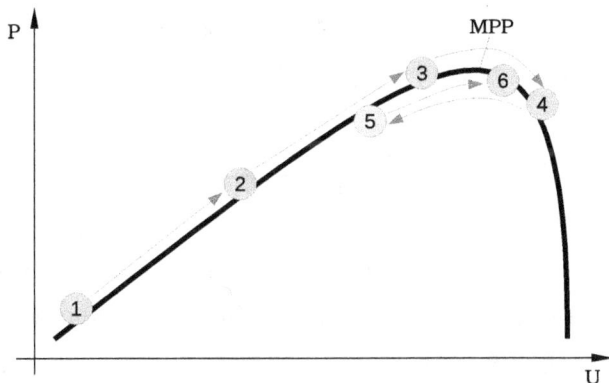

Abb. 2.5: Schematische Darstellung des Funktionsprinzips der Methode der Lastsprünge (P&O)

Der initiale Zustand *Ini* dient einer definierten ersten Richtungsweisung. Ansonsten führt der zufällige Zustand zu einem Anlaufproblem, wenn der vorherige bzw. initiale Messpunkt[3] mit dem momentanen Messpunkt überein stimmt.

Im Zustand *Messen* werden die Messwerte genommen, die Leistung P und die Differenzen dP und dU zwischen aktuellen und vorherigen Werten der Leistung und Spannung berechnet. Die Spannungsdifferenz dU dient der Richtungsbestimmung. Ist die aktuelle Leistung höher als die vorherige Leistung, also $dP > 0$, so behält der Algorithmus die Richtung bei, also inkrementiert das Stellsignal U_{aus} bei $dU \geq 0$ oder dekrementiert es bei $dU < 0$ in der festgelegten Schrittweite. Umgekehrt verhält es sich, wenn die Leistung gesunken ist, dann soll sich die Richtung ändern, also folgt ein Inkrementieren des Stellsignals U_{aus} bei $dU \leq 0$ oder Dekrementieren bei $dU > 0$.

Normalerweise schwingt der Arbeitspunkt um den realen MPP, s. Abb. 2.5. Jedoch wenn die Leistungsdifferenz exakt Null ist, so

---
[3]Initial sind alle Stateflow-Werte auf Null gesetzt.

Kapitel 2 Herkömmliche MPPT-Algorithmen

geht der Algorithmus in eine Art Wartestellung, d. h. es erfolgt nach [San10] keine Änderung des Stellbefehls.

2.3.2 Methode der inkrementellen Konduktanz

Die Methode der inkrementellen Konduktanz (engl. *Incremental Conductance*, INC) ist ebenfalls ein Bergsteigeralgorithmus, der das notwendige Kriterium der Extremwertberechnung $\frac{d}{dx}f(x) = 0$ nutzt. Bei $\frac{d}{dU}P = 0$ hat die Solargeneratorkennlinie ein Extremum, d. h. bei Kennlinien mit nur einem Maximum wird dieses Maximum ermittelt. Anschaulich handelt es sich bei $\frac{dP}{dU}$ um die Steigung der Tangente an der Solargeneratorkennlinie in dem aktuellen Leistungspunkt, die bei einem positiven Vorzeichen mathematisch steigend und bei einem negativen Vorzeichen fallend ist. Anders ausgedrückt:

- $\frac{d}{dU}P = 0$ → im MPP;
- $\frac{d}{dU}P > 0$ → links vom MPP; und
- $\frac{d}{dU}P < 0$ → rechts vom MPP.

Differenziert man nun die Leistung $P = U \cdot I$ nach dU ergibt sich nach Anwendung der Produktregel:

$$\begin{aligned} \frac{d}{dU}P &= \frac{d}{dU}(U \cdot I) = I + \frac{dI}{dU} \cdot U = 0 \\ \Leftrightarrow \frac{dI}{dU} &= -\frac{I}{U} \end{aligned} \quad (2.9)$$

Also folgt:

- $\frac{dI}{dU} = -\frac{I}{U}$ → im MPP;
- $\frac{dI}{dU} > -\frac{I}{U}$ → links vom MPP; und
- $\frac{dI}{dU} < -\frac{I}{U}$ → rechts vom MPP.

2.3 Verfahren mit Suchbewegung

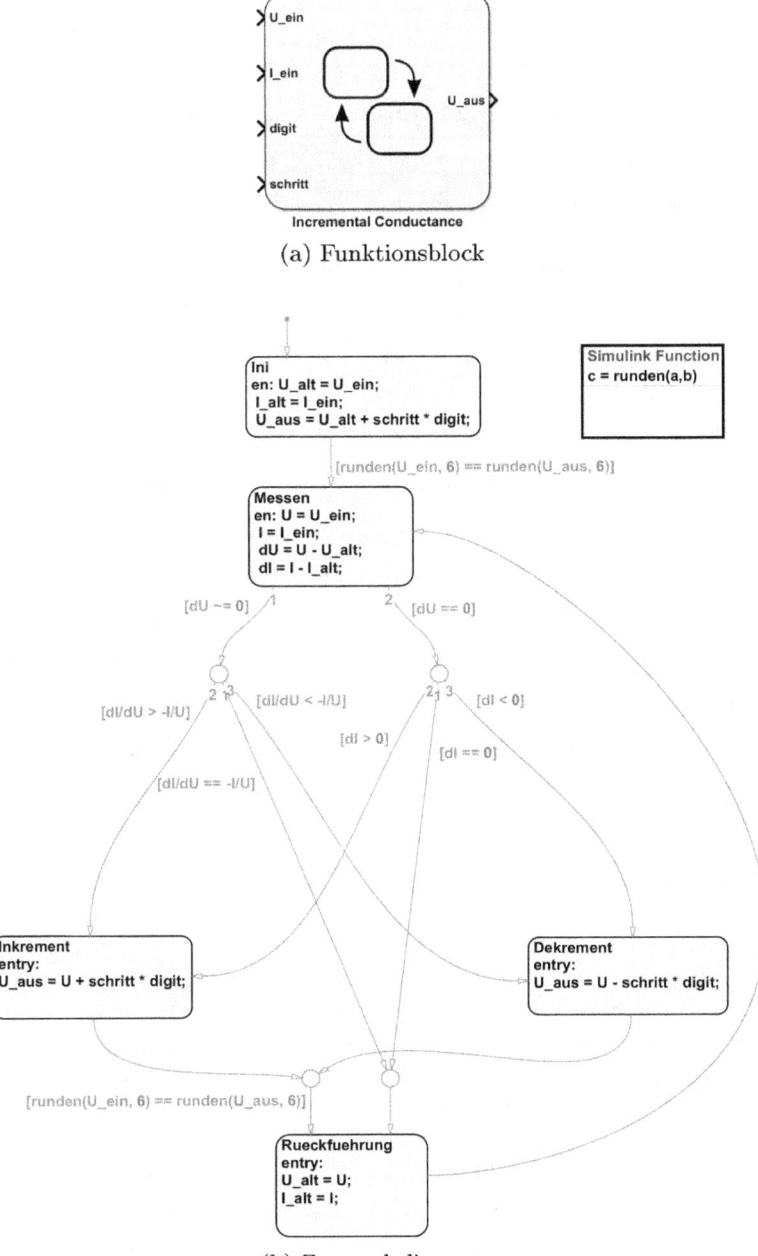

(a) Funktionsblock

(b) Zustandsdiagramm

Abb. 2.6: Methode der inkrementellen Konduktanz nach [Rud13, Ver16]

Kapitel 2 Herkömmliche MPPT-Algorithmen

Der Leitwert der schrittweisen Änderung $\frac{dI}{dU}$ nennt man *inkrementelle Konduktanz*, wonach dieses Verfahren benannt wurde. Die inkrementelle Konduktanz wird mit dem negativen momentanen Leitwert des Solargenerators $-\frac{I}{U}$ verglichen.

Der Funktionsblock (Abb. 2.6a) entspricht dem der Methode der Lastsprünge, s. Abschnitt 2.3.1.

Wie auch bei der Methode der Lastsprünge dient der initiale Zustand *Ini* einer definierten ersten Richtungsweisung, um Anlaufprobleme zu vermeiden. Die linke Seite des im Zustandsdiagramm (Abb. 2.6b) abgebildeten Algorithmus vergleicht die Leitwerte, wie oben beschrieben. Ist der aktuelle Arbeitspunkt links vom MPP, wird das Stellsignal U_{aus} und damit die Spannung des Solargenerators erhöht, befindet er sich rechts vom MPP, wird das Stellsignal verringert. Im MPP wird keine Aktion ausgeführt. Die rechte Seite des Zustandsdiagramms berücksichtigt die mathematische Definitionslücke $dU = 0$ der inkremellen Konduktanz $\frac{dI}{dU}$. In dem Fall wird bei $dI = 0$ keine Aktion durchgeführt, bei $dI > 0$ das Stellsignal U_{aus} erhöht und bei $dI < 0$ das Stellsignal verringert.

2.3.3 Gewichtete Dreipunktmethode

> „Da das Verfahren Perturb & Observe nicht feststellen kann, ob es tatsächlich den MPP gefunden hat[,] pendelt es immer um dieses herum. Unter sehr stark wechselnden Strahlungsverhältnissen führt dieses häufig zu einem unkontrollierten Verhalten des Systems." [Rud13]

Aus diesem Grund wurde die gewichtete Dreipunktmethode (engl. *Three Point Weight Comparison*, 3PWC) entwickelt, die nicht nur zwei Punkte auf der Kennlinie, den vorherigen und den aktuellen, sondern drei Punkte, nämlich den aktuellen Arbeitspunkt

2.3 Verfahren mit Suchbewegung

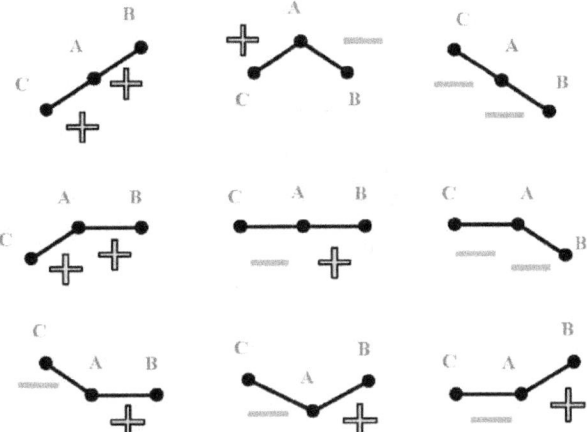

Abb. 2.7: Zustände der gewichteten Dreipunktmethode: 1. MPP: A ist Maximum; 2. Inkrement: zwei positive Gewichtungen (+); 3. Dekrement: zwei negative Gewichtungen (-); 4. Undefiniert: positive folgt auf negative Gewichtung. [Rud13]

(A) mit einen Punkt rechts (B) und einen Punkt links (C) vom Arbeitspunkt, vergleicht. Neun verschiedene Kombinationen sind möglich, s. Abb. 2.7.

> „Wenn von den drei gemessenen Punkten zwei Schritte eine postivie [sic!] Gewichtung haben, muss die Spannung erhöht werden. Haben zwei eine negative Gewichtung[,] muss die Spannung verringert werden. Ist ein Schritt positiv und ein Schritt negativ [...] wurde der MPP gefunden oder es gab eine Veränderung der Sonneneinstrahlung, wodurch sich die Leistung verändert hat" [Rud13].

Mit diesen Vorgaben wurde der Algorithmus realisiert, s. Abb. 2.8. Der Funktionsblock entspricht dem der Methode der Lastsprünge, s. Abschnitt 2.3.1.

Damit anfangs der Punkt links vom Arbeitspunkt angesteuert werden kann, wird in der Initialisierung *Ini* der Arbeitspunkt

Kapitel 2 Herkömmliche MPPT-Algorithmen

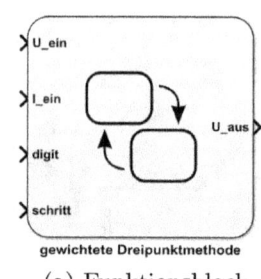

(a) Funktionsblock

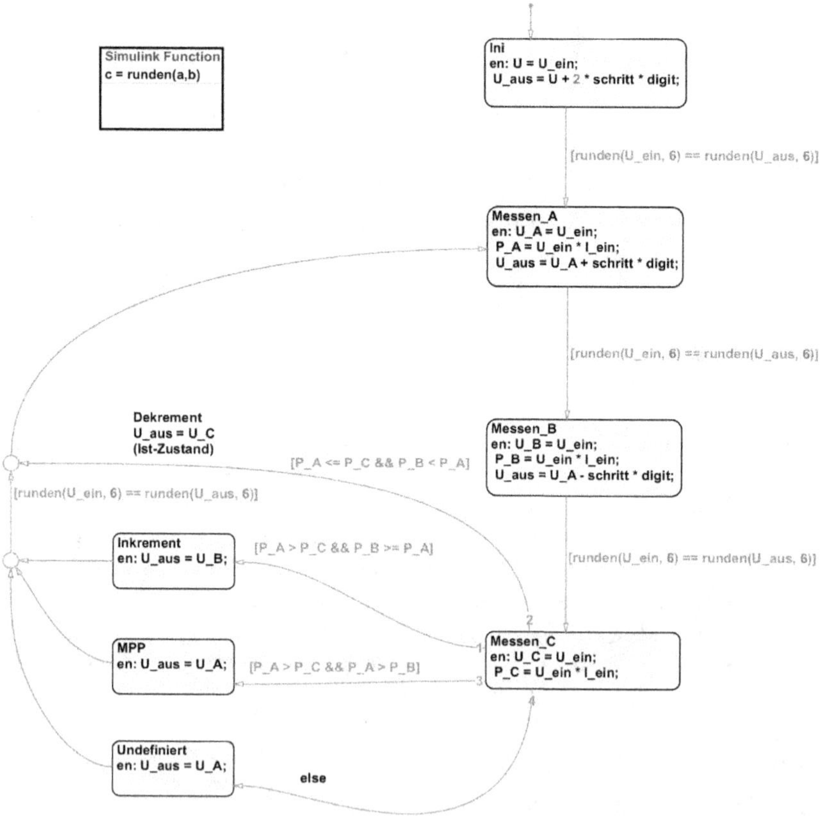

(b) Zustandsdiagramm

Abb. 2.8: Gewichtete Dreipunktmethode

2.3 Verfahren mit Suchbewegung

zwei Schrittweiten vom Spannungsnullpunkt entfernt. Dann folgen die Messungen der drei Punkte A, B und C, worauf die Kategorisierung gemäß Abb. 2.7 in

- Dekrement: Verringerung des Stellbefehls um eine Schrittweite (A := C);
- Inkrement: Erhöhung des Stellbefehls um eine Schrittweite (A := B);
- MPP: Der Ist-Zustand ist das Leistungsmaximum, keine Änderung des Arbeitspunkts; oder
- Undefiniert: keine Zuordnung wegen Einstrahlungsänderung möglich (keine Änderung)

erfolgt und anschließend die neuen Punkte A, B und C gemessen werden.

2.3.4 Ripple Correlation Control

Ripple Correlation Control (RCC) ist ein analoges MPPT-Verfahren, dass die pulsierende Spannung[4] und den pulsierenden Strom[5] eines Schaltreglers für die Ermittlung von Gradienten benutzt, ohne einen definierten Lastsprung dem Schaltregler vorzugeben. Esram *et al.* stellen heraus:

> „[RCC] uses array current and voltage ripple, which *must* already be present if a switching converter is used, to determine gradient information; no artificial perturbation is required [...] it uses the natural ripple already present in current and voltage (not duty ratio or frequency)." [Esr06].

Die grundlegenden Kriterien für die Regelung gemäß RCC lauten [Ver16, Esr06]:

---
[4]alt. Brummspannung
[5]alt. Brummstrom, Rippelstrom

Kapitel 2 Herkömmliche MPPT-Algorithmen

- $\frac{dP}{dt} \cdot \frac{dV}{dt} = 0$ oder $\frac{dP}{dt} \cdot \frac{dI}{dt} = 0$ → im MPP

- $\frac{dP}{dt} \cdot \frac{dV}{dt} > 0$ oder $\frac{dP}{dt} \cdot \frac{dI}{dt} > 0$ → links vom MPP

- $\frac{dP}{dt} \cdot \frac{dV}{dt} < 0$ oder $\frac{dP}{dt} \cdot \frac{dI}{dt} < 0$ → rechts vom MPP

Es existieren einige Digitalisierungs- und Diskretisierungsansätze, z. B. [Bar15], deren Kriterien jedoch bei konstanter Zeitdifferenz dt in folgende Gleichung vereinfacht zusammengefasst werden kann:

$$sign(dP) \cdot sign(dU) = \begin{cases} 1 & \to links\ vom\ MPP \\ 0 & \to im\ MPP \\ -1 & \to rechts\ vom\ MPP \end{cases} \quad (2.10)$$

Bei Auswertung dieser Kriterien lässt sich erkennen, dass es sich nahezu um die gleichen Kriterien wie bei der Methode der Lastsprünge (s. Abschnitt 2.3.1) handelt. Der Kerngedanke des RCC-Verfahrens, die pulsierenden Größen des Schaltreglers für die Gradientenermittlung zu nutzen, kann in dieser Simulation nicht umgesetzt werden.

2.3.5 Fazit für Bergsteigeralgorithmen

Alle bisher vorgestellten Verfahren mit Suchbewegung basieren auf dem Bergsteigeralgorithmus und bieten als Lösung den Leistungspunkt an, der links und rechts kleinere Leistungen hat oder dessen Leistungsgradient gleich Null ist. Sie besitzen also nicht die Eigenschaft, ein lokales von dem globalen Maximum zu unterscheiden, s. Abb. 2.9.

2.3 Verfahren mit Suchbewegung

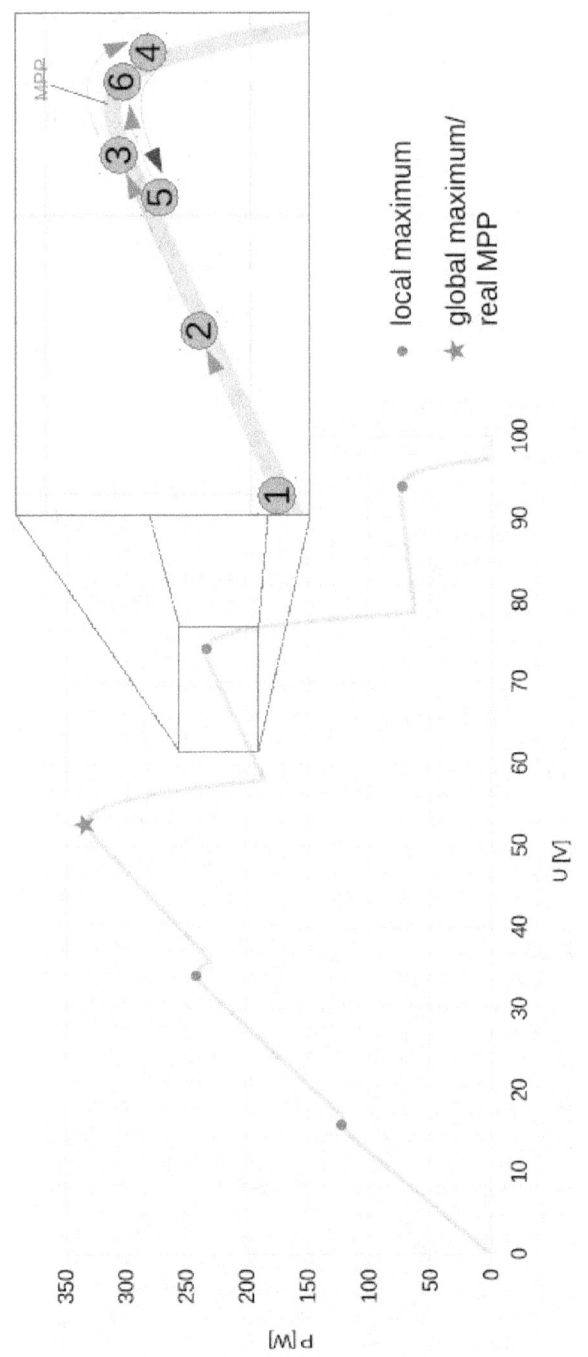

Abb. 2.9: Problematik des Bergsteigeralgorithmus

Kapitel 2 Herkömmliche MPPT-Algorithmen

2.4 Mehrstufige MPPT-Verfahren

Um bei mehreren lokalen Maxima das globale Maximum zu finden, werden in Veröffentlichungen mehrstufige MPPT-Verfahren vorgestellt. Dabei kann man die mehrstufigen Verfahren in zwei grundsätzlich unterschiedliche Typen unterteilen:

- **Verfahren mit *top-down*-Ansatz**
  Der *top-down*-Ansatz besteht darin, dass das Verfahren im ersten Schritt die gesamte Solargeneratorkennlinie betrachtet, um die *Umgebung des globalen Maximums* zu detektieren. Im zweiten Schritt wendet das Verfahren einen herkömmlichen Bergsteigeralgorithmus an, um aus der Umgebung des globalen Maximums das globale Maximum zu finden.

- **Verfahren mit *bottom-up*-Ansatz**
  Das Verfahren mit *bottom-up*-Ansatz lokalisiert im ersten Schritt ein lokales Maximum, um dann in den folgenden Schritten von der Lage des ersten Maximums auf die Lage der anderen Maxima zu schließen, die detektiert und miteinander verglichen werden, um das globale Maximum zu ermitteln.

Umgebung des globalen Maximums

Allgemein formuliert, ist mit Umgebung U_ε des globalen Maximums Max_{gl} der Bereich zwischen den lokalen Minima links Min_{li} und rechts Min_{re} vom globalen Maximum gemeint.

$$\begin{aligned} Max_{gl} \in U_\varepsilon \\ U_\varepsilon =]Min_{li}\,;\,Min_{re}[\end{aligned} \quad (2.11)$$

2.4 Mehrstufige MPPT-Verfahren

Die beiden Minima selbst sind nicht in die Umgebung inkludiert, weil ein Minimum für einen Bergsteigeralgorithmus einen nicht deterministischen Zustand darstellt. Denn in beide Richtungen geht es „bergauf", also hängt es entweder vom Zufall ab, in welche Richtung der Algorithmus seine weiteren Abtastungen vornimmt, oder die Programmierung sieht immer eine Standardrichtung vor, welches gleichermaßen unzweckmäßig wäre, wenn das globale Maximum sich auf der „falschen Seite" befände.

2.4.1 Two-Stage MPP-Trackingverfahren

Rudolph stellt in seiner Bachelorarbeit ein Verfahren, bzw. ein Verfahrensschema, mit *top-down*-Ansatz unter dem Namen *Two-Stage MPP-Trackingverfahren* (2SMPPT) vor, vgl. [Rud13]. Dabei wird beschrieben, dass im ersten Schritt die zyklische Abtastung der Generatorkennlinie vorgenommen wird, welches Rudolph mit „I-V Curve Sweep" tituliert. Er thematisiert auch das *regelungstechnische Dilemma* bei zyklischen Messungen (vgl. Abschnitt 2.1.1), schlägt aber weder eine Schrittweite noch eine Zykluszeit vor.

> „Im zweiten Schritt (second stage) wird dann mit einem der beschriebenen Gradientenverfahren der Punkt der maximalen Leistung gesucht." [Rud13]

Rudolph hat zuvor die Methode der Lastsprünge, die Methode der inkrementellen Konduktanz und die gewichtete Dreipunktmethode beschrieben, diese Verfahren stehen also zur Auswahl.

Modell

Im ersten Schritt soll die Umgebung des globalen Maximums gefunden werden. Es ist also nicht nötig, eine vollständige, zif-

Kapitel 2 Herkömmliche MPPT-Algorithmen

fernschrittweise Kennlinienabtastung durchzuführen, sondern es reicht eine grobe Abtastung aus. Für die Wahl der Schrittweite ist die Anzahl n der mit Bypass-Dioden beschalteten Solarmodule entscheidend. Denn es können nur maximal so viele lokale Maxima m existieren, wie mit Bypass-Dioden beschaltete Solarmodule vorhanden sind:

$$m \leq n \qquad (2.12)$$

Der modellierte Solargenerator des Basismodells hat fünf Solarmodule mit Bypass-Dioden, s. Abschnitt 5.2.1. Also ist die Anzahl der lokalen Maxima maximal $m_{max} = 5$ abhängig von den Einstrahlungen $G_1 \ldots G_5$ auf die fünf Solarmodule. Damit existieren möglicherweise fünf Umgebungen der lokaler Maxima, von denen eine das Zielobjekt des ersten Schritts ist: die Umgebung des globalen Maximums. Ungefähr zehn Abtastungen pro Umgebung, also ungefähr 50 Abtastungen pro Kennlinie, sollten zur adäquaten Ermittlung der Umgebung des globalen Maximums ausreichen. So wird die Schrittweite für die grobe Kennlinienabtastung für die nachfolgenden Versuche auf *grobschritt* $= 80\,digit$ festgelegt. Damit befindet sich die Dauer des ersten Schritts in der Größenordnung $\tau_{schritt1} \approx 50\,\mu s$.

Für den zweiten Schritt wird die Methode der Lastsprünge ausgewählt, dem das Maximum der groben Kennlinienabtastung als Startwert übergeben wird. Im zweiten Schritt wird die Solargeneratorkennlinie mit der Schrittweite *feinschritt* abgetastet, um den MPP zu finden. Die Zykluszeit bestimmt die Dauer des zweiten Schritts $\tau_{schritt2} = zyklus\,[s]$.

Der Funktionsblock (s. Abb. 2.10) hat die Eingänge U_{ein}, I_{ein}, *digit*, *feinschritt*, *grobschritt* und *zyklus*. An U_{ein} und I_{ein} werden die digitalisierten Messwerte der Regelstrecke übergeben. Mit *digit* wird der Ziffernschritt des Ausgangs und Stellbefehls U_{aus}

2.4 Mehrstufige MPPT-Verfahren

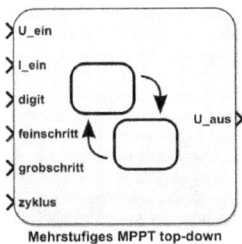

Abb. 2.10: 2SMPPT Funktionsblock

in Volt festgelegt. Die Schrittweite der groben Kennlinienabtastung wird als *grobschritt* und die Schrittweite der Feinabtastung mit dem Bergsteigeralgorithmus als *feinschritt* bezeichnet. Beide Schrittweiten werden in einer ganzzahligen Anzahl von Ziffernschritten festgelegt. Die Zykluszeit, bzw. die Dauer des zweiten Schritts, wird mit *zyklus* definiert.

Simulink-Stateflow sieht zur Gliederung von Zustandsdiagrammen so genannte *Superstates*, also übergeordnete Zustände, vor. In einen Superstate kann man ein Zustandsdiagramm unterordnen und ereignisgesteuert ablaufen lassen. Das Zustandsdiagramm des Two-Stage MPP-Trackingverfahrens (s. Abb. 2.11) besteht aus zwei Superstates. In dem linken Superstate namens *Kennlinienueberflug* befindet sich die zyklische Kennlinienabtastung mit der Schrittweite *grobschritt*, deren Verfahren in Abschnitt 2.2 näher erläutert ist. Im rechten Superstate *Feinabtastung* ist die Methode der Lastsprünge integriert, die im Abschnitt 2.3.1 erklärt wird. Ist der Kennlinienüberflug beendet, wird die Spannung U_{max} des grob detektierten Leistungsmaximums als Stellbefehl gesetzt. Sobald der Stellbefehl umgesetzt wurde, startet die Feinabtastung bei dem grob detektierten Leistungsmaximum und regelt in der Schrittweite *feinschritt* die Leistung nach, um den MPP zu finden. Nach der definierten Zykluszeit *zyklus*

Kapitel 2 Herkömmliche MPPT-Algorithmen

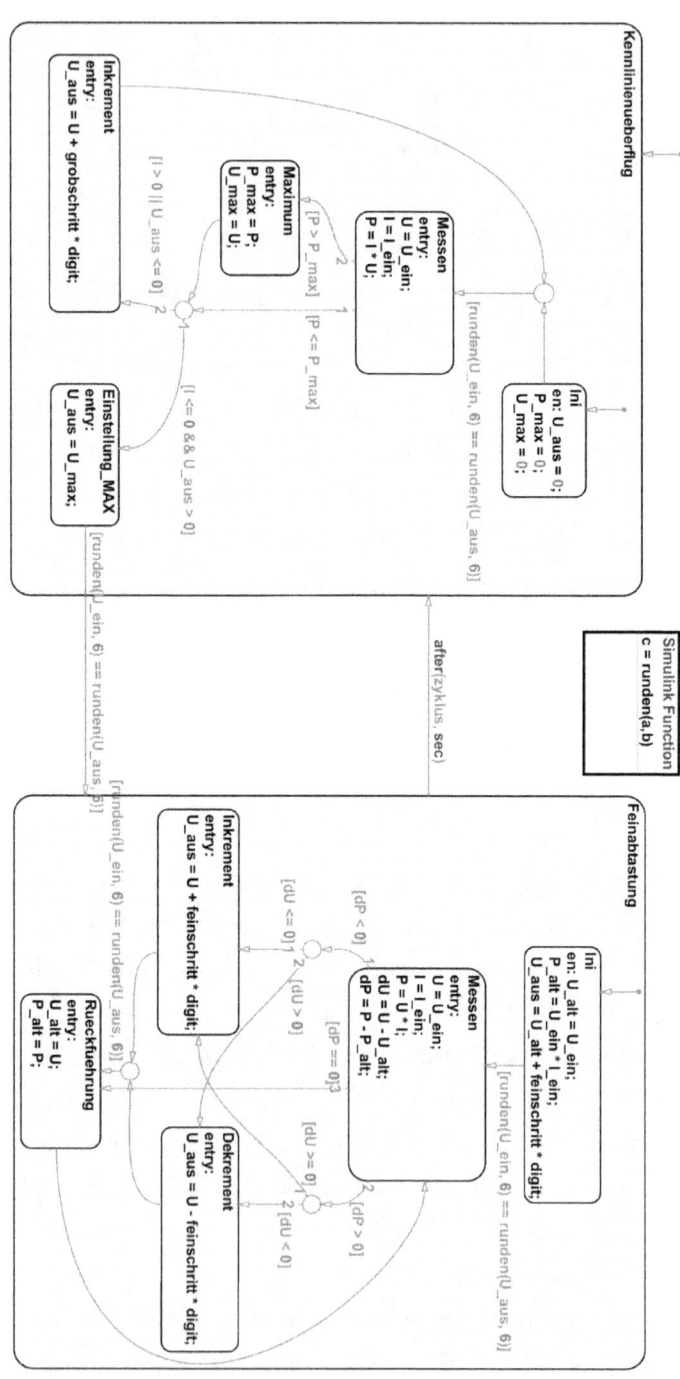

Abb. 2.11: 2SMPPT Zustandsdiagramm

2.4 Mehrstufige MPPT-Verfahren

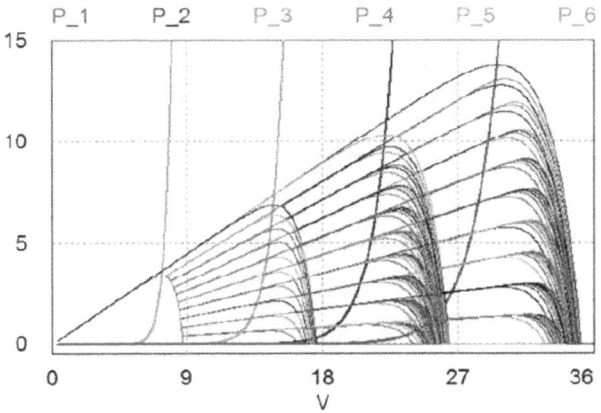

Abb. 2.12: Charakteristik der Maxima-Positionen einer Solargeneratorkennlinie unter Teilverschattung [Dar13]

findet erneut ein Kennlinienüberflug statt, der dann sein Ergebnis wieder an die Feinabtastung übergibt.

2.4.2 Novel Global MPPT Algorithm

Daraban *et al.* beschreiben in ihrem Konferenzbeitrag [Dar13] ein mehrstufiges MPPT-Verfahren mit *bottom-up*-Ansatz, den sie *Novel Global MPPT Algorithm* nennen. Der Novel Global MPPT Algorithmus *(NGMPPT)* basiert auf der Beobachtung, dass die lokalen Maxima unabhängig von den äußeren Einflüssen der Einstrahlung und Temperatur ungefähr den gleichen Abstand zueinander haben, s. Abb. 2.12.

Daraus folgt, dass man nach der Detektion des ersten lokalen Maximums durch Sprünge im gleichen Spannungsabstand

$$U_{max,i} \approx i \cdot U_{max,1} \qquad (2.13)$$

Kapitel 2 Herkömmliche MPPT-Algorithmen

in die Umgebung[6] der anderen lokalen Maxima gelangt. Dazu muss die Anzahl n der mit Bypass-Dioden beschalteten Solarmodule bekannt sein, weil $i \in [1; n]$. Unterliegen mehrere Solarmodule der gleichen Einstrahlung und Temperatur, so existiert nicht an jeder Stelle i ein lokales Maximum. Deswegen müssen die Umgebungsgrenzen der potenziellen lokalen Maxima definiert werden:

$$U_{um,i} = i \cdot \frac{U_{oc}}{n} \qquad (2.14)$$

Werden Umgebungsgrenzen bei der Suche des ersten lokalen Maximums überschritten, so muss der Algorithmus dies bei der Berechnung der Sprungweite $U_{max,1}$ berücksichtigen. Bei den Folgesprüngen gilt, dass bei Erreichung der Umgebungsgrenze direkt zum nächsten potenziellen lokalen Maximum gesprungen wird. Nach der Detektion aller lokaler Maxima werden die Leistungswerte verglichen, und das globale Maximum, der MPP, wird eingestellt. Für die Ermittlung des ersten Maximums und die Feinabtastung nach den Sprüngen ist laut Daraban *et al.* die Methode der Lastsprünge vorgesehen.

In [Dar13] wird jedoch nicht definiert, wie genau nach der Einstellung des MPP vorgegangen werden soll, weil nur statische Kennlinien untersucht werden. Für den dynamischen Fall wird hier angenommen, dass die Methode der Lastsprünge auch nach der Einstellung des ermittelten MPP aktiviert und nach einer vorgegebenen Zykluszeit die Suche nach dem globalen Maximum wiederholt wird.

---

[6]Die Umgebung eines lokalen Maximums ist analog zu der Umgebung des globalen Maximums zu verstehen.

2.4 Mehrstufige MPPT-Verfahren

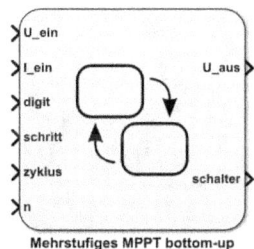

Abb. 2.13: NGMPPT Funktionsblock

Modell

Der Funktionsblock (s. Abb. 2.13) hat die Eingänge U_{ein}, I_{ein}, *digit*, *schritt*, *zyklus* und *n*. An U_{ein} und I_{ein} werden die digitalisierten Messwerte der Regelstrecke übergeben. Mit *digit* wird der Ziffernschritt des Ausgangs und Stellbefehls U_{aus} in Volt festgelegt. Die Schrittweite der Feinabtastung *schritt* wird in einer ganzzahligen Anzahl von Ziffernschritten festgelegt, und die Zykluszeit, bzw. die Dauer der Feinabtastung, wird mit *zyklus* definiert. Die Eingangsvariable *n* ist Anzahl der mit Bypass-Dioden beschalteten Solarmodule, hier gilt $n = 5$.

Im initialen Schritt *Ini* des übergeordneten Zustandsdiagramms (s. Abb. 2.14) werden die Indices und Variablen auf Null gesetzt. Um die Umgebungsgrenzen definieren zu können, wird im Folgeschritt *Leerlaufmessung* die Leerlaufspannung U_{oc} gemessen und der Abstand zwischen den Umgebungsgrenzen

$$dU_{um} = \frac{U_{oc}}{n} \qquad (2.15)$$

(vgl. Formel 2.14) berechnet.

Danach folgt die erste Feinabtastung mit dem Startwert $U_{ein} = 0\,V$. Die Feinabtastung arbeitet prinzipiell nach der Methode der Lastsprünge, die im Abschnitt 2.3.1 erklärt wird. Jedoch ist die

Kapitel 2 Herkömmliche MPPT-Algorithmen

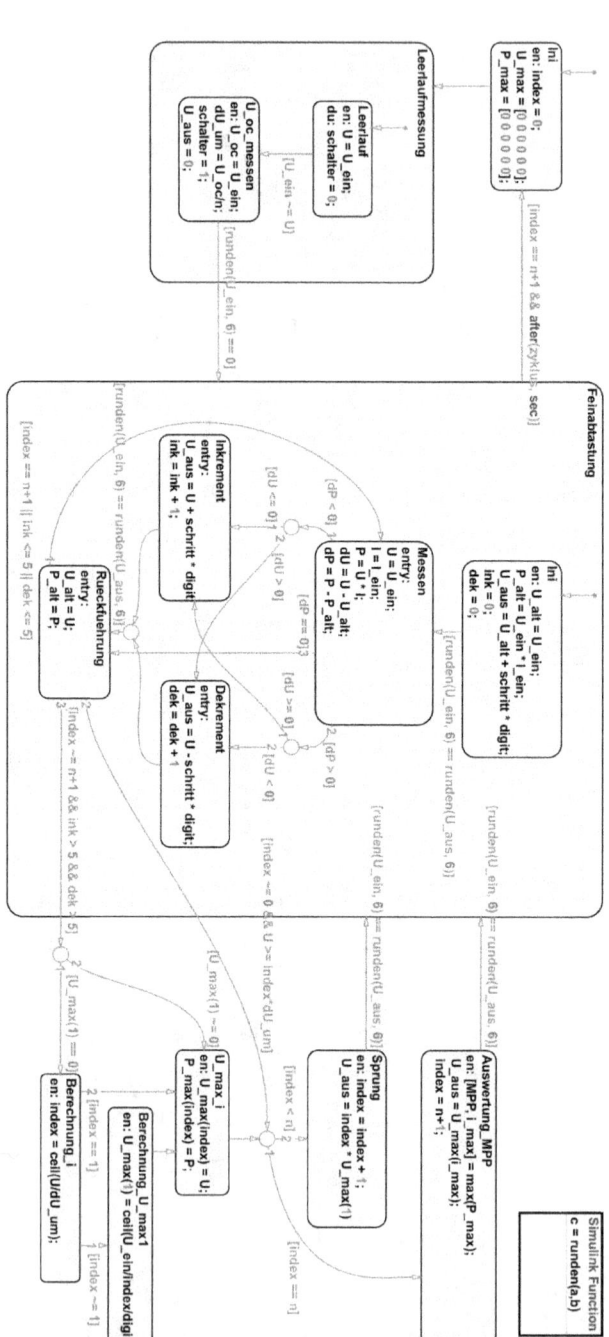

Abb. 2.14: NGMPPT Zustandsdiagramm

2.4 Mehrstufige MPPT-Verfahren

Methode der Lastsprünge in der Originalfassung nicht dazu geeignet, einen konkreten MPP auszugeben, weil das Verfahren immer um den MPP oszilliert. So wird mit Hilfe der Indices *Ink* und *Dek* festgestellt, ob eine Oszillation um einen Wert stattfindet, der dann nach fünf Oszillationen als MPP ausgegeben wird.

Im Zustand *Berechnung_i* wird überprüft, ob bereits bei der Ermittlung des ersten lokalen Maximums Bereichsgrenzen überschritten wurden. Der Bereich und Index i wird durch

$$i = ceil\left(\frac{U}{dU_{um}}\right) \tag{2.16}$$

mit *ceil* als Aufrundefunktion auf die nächste ganze Zahl berechnet. Der Index i heißt im Zustandsdiagramm *index*, weil i bei MATLAB/ Simulink für die imaginäre Zahl reserviert ist. Hier im Text wird der Index weiter i benannt.

Ist $i = 1$, so ist die aktuelle Spannung $U = U_{max,1}$. Ansonsten muss die Spannung $U_{max,1}$ als Faktor für die Sprünge durch Division durch i und Rundung auf den nächsten Ziffernschritt berechnet werden, vgl. die Zustände *Berechnung_ U_ max1* und *U_ max_ i*. Nun wird der Index erhöht und mit der Sprunggleichung 2.13 in die Umgebung des theoretischen, nächsten Maximums gesprungen.

Die Spannung $U_{max,i}$ ist der Startwert für die Feinabtastung. Wird ein Maximum ermittelt, so wird es gespeichert, in die Umgebung des nächsten, theoretischen Maximums gesprungen und die Feinabtastung wieder gestartet. Bei der Überschreitung einer Umgebungsgrenze

$$U \geq i \cdot dU_{um} \tag{2.17}$$

wird direkt zum nächsten potenziellen Maximum gesprungen und die Feinabtastung wieder aktiviert.

Kapitel 2 Herkömmliche MPPT-Algorithmen

Ist $i = n$, so wurden alle Umgebungen abgetastet und aus den gespeicherten Werte der lokalen Maxima wird das globale Maximum, also der MPP, ermittelt. Die Spannung des MPP wird als Stellbefehl gesetzt und die Feinabtastung für die Zykluszeit aktiviert. Nach Ablauf der Zykluszeit wird die Ermittlung des MPP wiederholt.

KAPITEL 3

Evolutionäre Algorithmen und kollektive Intelligenz

Wie bereits in dem Abschnitt 2.3.5 *Fazit für Bergsteigeralgorithmen* erläutert, besitzen reine Bergsteigeralgorithmen nicht die Fähigkeit, lokale von dem globalen Maximum zu unterscheiden. So folgert Weicker:

> „Lokale Optima stellen für einen Hillclimbing-Algorithmus ein unüberwindbares Hindernis dar. Ist eine Optimierung in ein lokales (und nicht globales) Optimum geraten, kann das globale nicht mehr gefunden werden. Daher versagen reine Hillclimbing-Algorithmen auf vielen Problemen."
> [Wei15, S. 54]

Also ist es sinnvoll, sich mit alternativen Optimierungskonzepten zu beschäftigen. Die *evolutionären Algorithmen* (engl. *evolutionary algorithms*, EA) und die Strategien der *kollektiven Intelli-*

Kapitel 3 Evolutionäre Algorithmen und kollektive Intelligenz

genz[1] (engl. *swarm intelligence*, SI) adaptieren Lösungsstrategien der Natur, die auf viele Optimierungsprobleme erfolgreich angewandt werden können.

> „Einer der wohl unbestrittenen Großmeister der Problemlösung schlechthin ist die Natur. Wir brauchen uns nur anzusehen, wie ausgezeichnet Lebewesen an ihre Umwelt angepasst sind und wie leistungsfähig sie sind, um zu wissen: Es lohnt sich, von der Natur zu lernen. Dazu überlegen wir uns, wie die Evolution grundsätzlich und stark vereinfacht funktioniert." [Rim10, S. 53]

In den neusten Entwicklungen werden evolutionäre Algorithmen und Algorithmen mit kollektiver Intelligenz in MPPT-Algorithmen implementiert, insbesondere das Verfahren der *Partikelschwarmomtimierung* wird verwendet. Jedoch werden die Algorithmen üblicherweise mit anderen Suchkonzepten, vor allem Bergsteigeralgorithmen, kombiniert. Im Gegensatz dazu werden in diesem Kapitel populationsbasierte MPPT-Algorithmen entwickelt, deren Suchbewegungen ausschließlich auf den Mechanismen der EA und der SI basieren.

3.1 Funktionsprinzipien

Sowohl die evolutionären Algorithmen als auch die Optimierungsverfahren mit kollektiver Intelligenz sind *Metaheuristiken*, die dem Fachgebiet des *Evolutionary Computing*[2] untergeordent werden, s. [Tan15, S. 4] und [Deh15, S. 2]. Beide Algorithmenarten arbeiten mit Individuen, deren Positionen mit naturanalogen Strategien verändert werden. Das bedeutet für die Adaption

---

[1] alt. *Schwarmintelligenz*
[2] *Evolutionary Computing* wird oft mit „Evolutionäre Algorithmen" ins Deutsche übersetzt, so dass fälschlicherweise der Eindruck entstehen könnte, dass die SI den EA untergeordnet seien.

3.1 Funktionsprinzipien

der EA und SI auf MPPT-Verfahren, dass bei bestimmten Spannungen die Leistung abgefragt und aufgrund derer Wertebeziehung zueinander auf die Spannungspunkte des nächsten Iterationsschritts geschlossen wird, um sich dem Leistungsmaximum zu nähern. Es existiert die Vorstellung, dass bei EA neue Individuen in andere Positionen hinein *geboren* werden und bei SI sich die Individuen zu den neuen Positionen hin *bewegen*. Weicker ergänzt:

> „Daher unterscheiden sie [Partikelschwärme] sich von evolutionären Algorithmen in erster Linie darin, dass sie Verbesserungen nicht durch einen Selektionsmechanismus erreichen sondern durch Nachahmung und Lernen von anderen benachbarten Individuen." [Wei15, S. 180]

Die für MPPT-Algorithmen relevanten Unterschiede und Gemeinsamkeiten zwischen EA und SI werden in den folgenden Abschnitten erläutert.

3.1.1 Suchstrategie der evolutionären Algorithmen

Evolutionäre Algorithmen unterscheiden zwischen einer Eltern- und einer Kinderpopulation, die sich durch folgende *Evolutionsfaktoren* ändern, und sich so dem Maximum nähern (vgl. [Wei15, S. 8 ff.][3]):

- **Rekombination**
  Paarung der Elternindividuen, wodurch durch neue Kombination der Eigenschaften der Eltern Kindindividuen entstehen. Die Rekombination folgt bestimmten Rekombinationsregeln.

---

[3] *Genfluss* und *Gendrift* werden vernachlässigt.

Kapitel 3 Evolutionäre Algorithmen und kollektive Intelligenz

- **Selektion**

  Die Selektion bestimmt, welche Individuen aus der Population „überleben", d. h. in die nächste Generation[4] übergehen und sich rekombinieren.

- **Mutation**

  Mutationen sind Fehler in der Rekombination, produzieren also Kindindividuen, die den üblichen Rekombinationsregeln nicht folgen. Sie treten zufällig mit einer gewissen Mutationsrate p_m auf. Mutationen dienen der „Feinabstimmung" und dem „stichprobenartigen Erforschen [...] weiter entfernter Gebiete des Suchraums" [Wei15, S. 59].

3.1.2 Suchstrategien der Verfahren mit kollektiver Intelligenz

Die Individuen einer Population mit kollektiver Intelligenz verändern ihre Position im Suchraum durch Bewegung und Lerneffekte (vgl. [Bog13, S. 39 f.]):

- **Evaluation und Vergleich**

  Die Positionen (bzw. Fitnesswerte) der Individuen der Population werden erfasst und miteinander verglichen.

- **Imitation**

  Die Individuen *lernen* voneinander, adaptieren den besten Fitnesswert, bzw. streben ihn an, und passen demzufolge anhand einer Fitness- und Geschwindigkeitsfunktion ihre Geschwindigkeit und Richtung an.

---

[4]Generation im Sinn von Iterationsschritt

3.1.3 Suchraum

Der statische Suchraum Ω hängt nur von einer Stellgröße, der Spannung U, ab. Denn es handelt sich um eine U-P-Kurve, in der jedem Spannungswert U ein Leistungswert P zugeordnet wird. Zu bedenken ist aber, dass sich im dynamischen Fall mit der Änderung der Zeit und Einstrahlung sich auch die Leistung bei einem bestimmten U_1 ändert:

$$P_{t1}(U_1) \stackrel{\Delta t, \Delta G}{\longrightarrow} P_{t2}(U_1) \qquad (3.1)$$

Der Suchraum Ω des zu Untersuchungszwecken erstellten Basismodells (s. Kapitel 5) umfasst von U_0 bis U_{oc} maximal 4096 mögliche diskrete Stellen auf der U-Achse.

3.1.4 Detektion des MPP und Abbruch der Suche

Da bei den hier entwickelten populationsbasierten MPPT-Algorithmen auf Bergsteigeralgorithmen verzichtet wird, müssen andere dynamische Mechanismen entwickelt werden. Der Algorithmus soll die Fähigkeit besitzen, bei gleich bleibender Einstrahlung ohne Oszillation den MPP einstellen zu können.

Das normale Abbruchkriterium soll mit Methoden des Algorithmus selbst arbeiten, nämlich einer gewissen Individuendichte im oder um den MPP. Bei evolutionären Algorithmen gilt der MPP als detektiert, wenn mehrere Individuen die gleiche Position einnehmen und diese Position das Maximum aller Individuen ist. Bei Verfahren der kollektiven Intelligenz gilt das Maximum als MPP, wenn eine gewisse Populationsdichte in einem bestimmten Radius erreicht wurde, vgl. [Sch10, S. 402] und [Wei15, S. 64 f.].

Ein Notfallabbruchkriterium könnte zeit- oder iterationsschritt-

Kapitel 3 Evolutionäre Algorithmen und kollektive Intelligenz

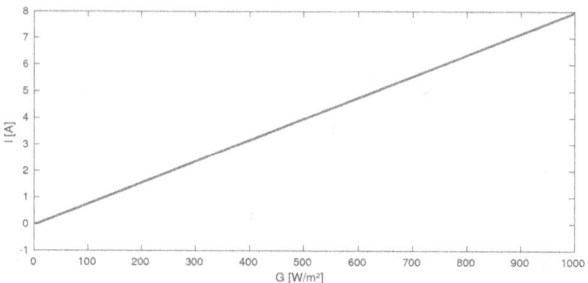

Abb. 3.1: G-I_{SG}-Kennlinie bei $U_{SG} = 80\,V = const$

bezogen arbeiten, d. h. wenn nach einer bestimmten Zeit oder nach einer bestimmten Anzahl von Iterationen das normale Abbruchkriterium nicht wirksam wurde, wird das aktuelle Maximum als MPP anerkannt.

3.1.5 Wiederaufnahme der Suche

Für die Wiederaufnahme der Suche müssen drei Sachverhalte näher betrachtet werden: die Einstrahlungsänderung, der Quantisierungsfehler und der Energieverlust durch die Suche.

Einstrahlungsänderung

Weil $G \sim I_{Ph}$, also bedingt auch $G \sim I_{SG}$, ist die Stromänderung ΔI_{SG} ein Maß für die Einstrahlungsänderung ΔG. Der Proportionalitätsfaktor k der G-I_{SG}-Kennlinie des hier verwendeten Basismodells ist

$$k = \frac{\Delta I_{SG}}{\Delta G} = 8 \cdot 10^{-3} \frac{A}{W/m^2} \qquad (3.2)$$

wie in der Abb. 3.1 ersichtlich.

3.1 Funktionsprinzipien

Es ist also anhand der Stromänderung ΔI_{SG} möglich, bestimmte Einstrahlungsänderungen ΔG zu definieren, um die Suche wieder aufzunehmen.

Quantisierungsfehler

Der theoretische Wert für den maximalen Quantisierungsfehler der Leistung mit $U_{max} = 100\,V$ und $I_{max} = 8\,A$ beträgt gemäß den Formeln 5.3 und 5.5 (vgl. Abschnitt 5.3.1):

$$\begin{aligned}
|F_{q,P,max}(U,I)| &= U_{max} \cdot F_{q,I,max} + I_{max} \cdot F_{q,U,max} \\
&\quad + F_{q,U,max} \cdot F_{q,I,max} \\
&= 100\,V \cdot 0,97656\,mA \\
&\quad + 8\,A \cdot 0,012207\,V \\
&\quad + 0,012207\,V \cdot 0,97656\,mA \\
&= 0,19532\,W
\end{aligned} \qquad (3.3)$$

Technisch ist es sinnvoll, den Quantisierungsfehler als unterste Grenze für die Wiederaufnahme der Suche zu definieren. Denn man muss davon ausgehen, dass man sich bereits im MPP befindet und eine durch eine Leistungsänderung innerhalb des Fehlerbereichs $\Delta P \leq |F_{q,P,max}(U,I)|$ ausgelöste Suche technisch unplausibel ist, weil es sich auch um einen Quantisierungsfehler handeln könnte und man durch die Suche einen Energieverlust hervorruft. Das energiebezogene *Kosten-Nutzen-Verhältnis* erscheint unrentabel zu sein.

Energieverlust durch die Suche

Das *regelungstechnische Dilemma*, also dass durch die Suche ein Energieverlust entsteht, wurde in den vorherigen Kapiteln bereits mehrfach erwähnt. Der potenzielle Energieverlust beträgt

Kapitel 3 Evolutionäre Algorithmen und kollektive Intelligenz

pro Suche
$$E_v = P_{real} \cdot \tau \qquad (3.4)$$

Bezogen auf das Basismodell (s. Kapitel 5) dauert eine vollständige Abtastung $\tau_{voll} \approx 4\,ms$ bei $12\,bits \hat{=} 4096\,digits$ und einer Abtastfrequenz von $f_{tast} = 1\,MHz$. Also beträgt der Energieverlust einer vollständigen Abtastung bei der maximalen Leistung $P_{max} = P_{mpp}(1000\,W/m^2) = 672,53\,W$

$$E_{v,voll,max} = P_{max} \cdot \tau_{voll} = 2,6901\,Ws \qquad (3.5)$$

Anders veranschaulicht beträgt der relative Energieverlust e_v abhängig von der Zykluszeit T und der Suchdauer τ bei konstanter Leistung

$$e_v(T, \tau) = \frac{\tau}{T} \qquad (3.6)$$

beispielsweise $e_{v,voll}(1\,s, 4\,ms) = 0,4\,\%$ bei einer vollen Abtastung pro Sekunde und $e_{v,voll}(>1\,min, 4\,ms) \leq 0,00\bar{6}\,\%$ jenseits der Minute. Hier ist also der Energieverlust vernachlässigbar marginal. Aber bei hochdynamischen Anwendungen und einer vollen Abtastung pro 40 ms beträgt der Energieverlust $e_{v,voll}(40\,ms) = 10\,\%$ und fällt damit ins Gewicht.

Verglichen mit der Einstrahlungsänderung entspräche eine Leistungsänderung von beispielsweise 0,4 % bei P_{max} und $U_{mpp} = 87,4\,V$ einer Stromdifferenz von $\Delta I \approx 31\,mA$ und einer Einstrahlungsänderung von $\Delta G \approx 4\,\frac{W}{m^2}$.

Fazit

Die Betrachtungen laufen darauf hinaus, dass ein Toleranzwert für die Energieabweichung definiert wird, welcher sowohl eine

3.1 Funktionsprinzipien

Leistungsänderung als auch eine Zeitänderung enthält

$$E_{tol} = \Delta P \cdot \Delta t \qquad (3.7)$$

oder

$$e_{tol} = \frac{\Delta P}{P_{ist}} \cdot \Delta t \qquad (3.8)$$

so dass eine geringe Leistungsänderung länger als eine hohe Leistungsänderung toleriert wird, bevor ein erneuter Suchlauf initiiert wird. Dabei sollte der Quantisierungsfehler $F_{q,P} \leq \pm 0,19532\,W$ als untere Grenze berücksichtigt werden.

3.1.6 Rahmenbedingungen und Rahmenmodell

Das Rahmenmodell enthält die initiale Verteilung der Individuen und die dynamischen Mechanismen der populationsbasierten Algorithmen.

Verteilung der Individuen

Vor der ersten Suche werden die Individuen, bzw. Elternindividuen, gleichverteilt über den Suchraum $\Omega = [0\,V; U_{oc}]$ angeordnet, weil in der Ausgangsposition der Verlauf der Generatorkennlinie unbekannt ist.

Im Gegensatz dazu ist für die Wiederaufnahme der Suche bereits der *alte MPP* der vorherigen Suche bekannt. Dieser alte MPP wird als Ausgangspunkt für die folgende Suche nach dem neuen MPP herangezogen. Die Anzahl der Individuen wird in zwei Hälften unterteilt. Eine (abgerundete) Hälfte konzentriert sich auf die Suchumgebung $\Omega_\varepsilon \approx [U_{mpp} - 5\,V; U_{mpp} + 5\,V]$, um schneller konvergieren zu können, wenn sich der neue MPP in direkter Nähe des alten MPP aufhält. Sie dient also der schnelleren

Kapitel 3 Evolutionäre Algorithmen und kollektive Intelligenz

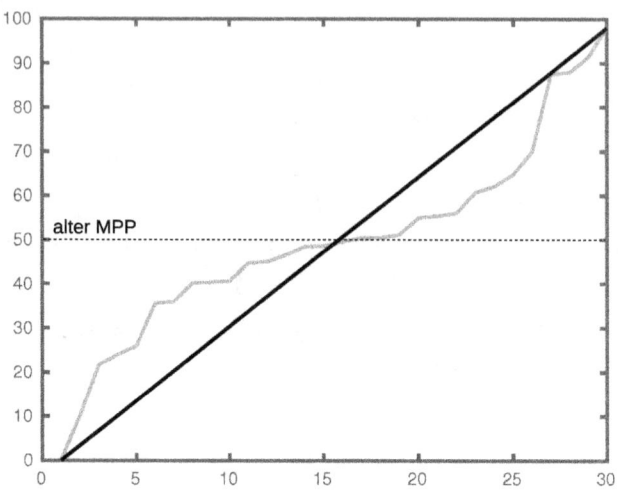

(a) Verteilungskurven (x-Achse: Individuen, y-Achse: Spannung)

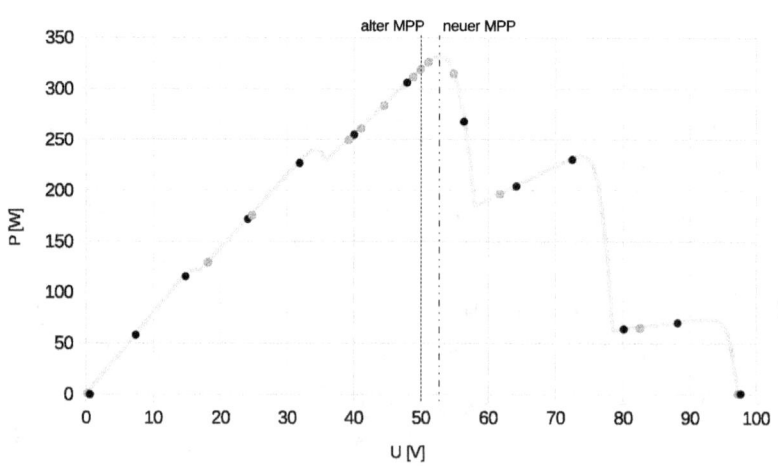

(b) Schema der Verteilung über die Generatorkennlinie

Abb. 3.2: Exemplarische Darstellung der gleichverteilten (schwarz) und normalverteilten (grau) Individuen

3.1 Funktionsprinzipien

Feinabstimmung (engl. *exploitation*). Die Individuen der anderen (aufgerundeten) Hälfte werden über den gesamten Suchraum $\Omega = [0\,V; U_{oc}]$ verteilt, um die notwendige Erforschung (engl. *exploration*) der gesamten Generatorkennlinie durchzuführen. Die Verteilung der Individuen erfolgt in beiden Hälften durch normalverteilte Zufallszahlen, deren Konzentrationspunkt der alte MPP ist.

Anhand des in der Abb. 3.2 dargestellten Beispiels zum Vergleich der beiden Verteilungsarten lässt sich insbesondere in dem Abbildungsteil 3.2b deutlich erkennen, dass bei einer kleinen Verschiebung des MPP, hier anschaulich von 50 V auf 53 V, die normalverteilten Individuen aufgrund ihrer Populationsdichte um den alten MPP potenziell schneller als die gleichverteilten Individuen zum neuen, naheliegenden MPP konvergieren. In Funktionstests lässt sich nachweisen, dass der Geschwindigkeitsunterschied signifikant ist. Trotzdem hat die Normalverteilung das Potenzial, den gesamten Suchraum zu erforschen, falls der neue MPP nicht in der Nähe des alten MPP liegt.

Kriterien für die Wiederaufnahme der Suche

Wie im Fazit des Abschnitts 3.1.5 beschrieben, wird absoluter Toleranzwert für die Energieabweichung festgelegt. Für die hier entwickelten populationsbasierten MPPT-Algorithmen gilt die Toleranz von

$$E_{tol} = 2,5\,Ws \tag{3.9}$$

die sich an der Berechnung des Energieverlust einer vollständigen Abtastung bei der maximalen Leistung orientiert, s. Formel 3.5.

Idealerweise werden zur Erfassung der Energieabweichung E_v die absoluten Leistungsänderungen $|\Delta P|$ gegenüber des MPP nach

Kapitel 3 Evolutionäre Algorithmen und kollektive Intelligenz

der Zeit integriert

$$E_v = \int |\Delta P|\, dt \qquad (3.10)$$

Technisch wird eine Summe aus den Leistungsänderungen und den Zeitdifferenzen gebildet

$$E_v = \sum (|\Delta P| \cdot \Delta t) \qquad (3.11)$$

Nicht nur eine negative sondern auch eine positive Leistungsänderung ist ein Indikator für einen potenziellen Energieverlust, weil sich offensichtlich die Umweltbedingungen, Einstrahlung oder Temperatur, verändert haben und damit sich der MPP nicht mehr an der detektierten Position befindet.

Um die Regelung zu stabilisieren, wird eine Fehlertoleranz F_{tol} definiert, unter dessen Grenze Leistungsänderungen nicht erfasst werden. In der Realität sollten darin alle möglichen systematischen Fehler enthalten sein. In dieser Simulation werden Messfehler jedoch nicht berücksichtigt, vgl. Abschnitt 5.3.4. Die Fehlertoleranz für die hier entwickelten populationsbasierten MPPT-Algorithmen orientiert sich ausschließlich an dem im Abschnitt 3.1.5 errechneten maximalen Quantisierungsfehler der Leistung, s. Formel 3.3, und wird auf

$$F_{tol} = \pm 0,2\,W \qquad (3.12)$$

gesetzt.

3.1 Funktionsprinzipien

Parameter der populationsbasierten MPPT-Algorithmen

Empirisch wurde ermittelt, dass die hier entwickelten und in den folgenden Abschnitten erläuterten populationsbasierten MPPT-Algorithmen bei einer Population zwischen 15 und 55 Individuen besonders schnell und zuverlässig zum MPP des Basismodells (s. Kapitel 5) konvergieren. Aus Gründen der Vergleichbarkeit werden alle populationsbasierten Algorithmen vorerst mit der gleichen Individuenanzahl getestet, die unter Rücksichtnahme auf den genetischen Algorithmus (s. Abschnitt 3.2) auf

1. 15 Individuen (GA: $\mu = 8$, $kinder = 1$);

2. 22 Individuen (GA: $\mu = 8$, $kinder = 2$);

3. 33 Individuen (GA: $\mu = 9$, $kinder = 3$); und

4. 55 Individuen (GA: $\mu = 10$, $kinder = 5$)

gesetzt werden. Jeder populationsbasierte Algorithmus durchläuft also viermal die statischen Versuche. Anhand deren Ergebnisse wird die Individuenanzahl eines jeden populationsbasierten Algorithmus für die dynamischen Versuche festgelegt.

Die Populationsmatrix $\boldsymbol{A}$ besteht aus insgesamt 55 Plätzen für die Individuen A_i. Obwohl nicht jeder Algorithmus alle Werte benötigt, werden Platzhalter sowohl für die aktuelle Spannung U_i, Leistung P_i und Geschwindigkeit v_i des Individuums als auch für die Spannung $U_{best,i}$ und Leistung $P_{best,i}$ des individuellen

Kapitel 3 Evolutionäre Algorithmen und kollektive Intelligenz

Leistungsmaximums reserviert:

$$A = (a_{i,j}) : \{1,\ldots,55\} \times \{1,\ldots,5\}$$

$$mit\ A_i = \begin{pmatrix} a_{i,1} \\ a_{i,2} \\ a_{i,3} \\ a_{i,4} \\ a_{i,5} \end{pmatrix} = \begin{pmatrix} U_i \\ P_i \\ v_i \\ P_{best,i} \\ U_{best,i} \end{pmatrix} \tag{3.13}$$

Die MPP-Detektionsverfahren sind algorithmenspezifisch, s. Abschnitt 3.1.4. Wird die *gleichen Position* als Abbruchkriterium eingesetzt, so gilt der MPP als detektiert, wenn drei Individuen mit dem maximalen Leistungswert die gleiche Position einnehmen. Im Fall der *Populationsdichte* in einem bestimmten Radius als Abbruchkriterium wird das Leistungsmaximum als MPP gesetzt, wenn der mittlere Abstand zwischen den Individuen 10 *digit* und damit der Gesamtabstand

$$d_{ges} = Pop \cdot 10\,digit \tag{3.14}$$

(mit *Pop* als Individuenanzahl der Gesamtpopulation) beträgt.

Das Notfallabbruchkriterium wird zeitbezogen auf eine Dauer von $\tau_{abbruch} = 2\,ms$ gesetzt, das ungefähr der Hälfte einer kompletten Kennlinienabtastung entspricht. Ist nach der Dauer $\tau_{abbruch}$ der MPP nicht detektiert, wird das aktuelle Leistungsmaximum als MPP angenommen. Wenn über die Erfassung der Energieabweichung keine erneute Suche ausgelöst wird, so wird als Vorsichtsmaßnahme im Fall des Notfallabbruchs nach 1 s eine neue Suche mit gleichverteilten Individuen initiiert, um zu verhindern, dass sich der angenommene MPP in einem statischen

3.1 Funktionsprinzipien

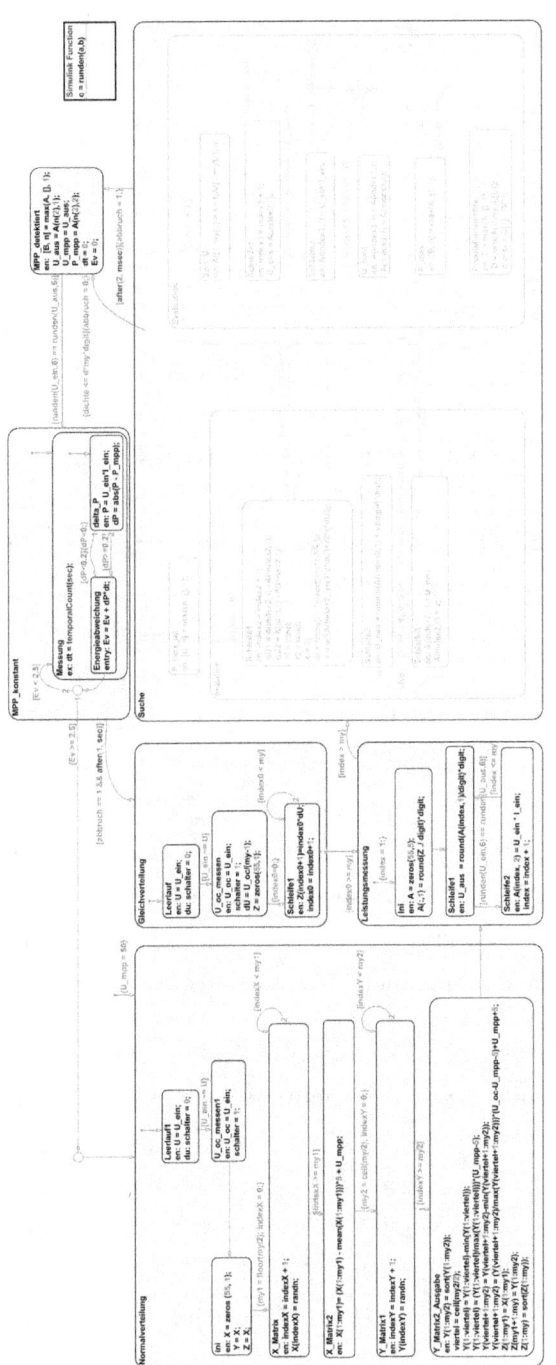

Abb. 3.3: Rahmenmodell der populationsbasierten Algorithmen

Kapitel 3 Evolutionäre Algorithmen und kollektive Intelligenz

System ohne Leistungsänderungen eventuell über einen zu langen Zeitraum zu weit vom realen MPP entfernt befindet.

Rahmenmodell

Das Rahmenmodell lässt sich in drei Abschnitten unterteilen, s. Abb. 3.3. Im ersten, linken Abschnitt befindet sich mit den Superstates *Normalverteilung*, *Gleichverteilung* und *Leistungsmessung* die Verteilung der initialen Individuen, die als Populationsmatrix A mit den Werten U_i und P_i an den Suchalgorithmus übergeben werden. Der zweite Abschnitt rechts oben wird aktiv, wenn der MPP detektiert oder ein zeitbasierter Notabbruch vollzogen wird. Der Zustand *MPP_detektiert* dient der Feststellung des Leistungsmaximums P_{mpp} und seinem zugehörigen Spannungswerts U_{mpp}. Abhängig vom Suchalgorithmus variieren seine Übergabevariabeln leicht. Während der Superstate *MPP_konstant* aktiv ist, verbleibt der MPP auf der Stelle U_{mpp}. Währenddessen werden die Energieänderungen aufgenommen, und führen beim Erreichen des Grenzwerts zu einer erneuten Suche mit normalverteilten initialen Individuen. Nur im Fall des Notabbruchs wird nach 1 s eine Suche mit gleichverteilten Individuen initiiert.

Der erste und zweite Abschnitt des Rahmenmodells verändern sich für die hier entwickelten populationsbasierten MPPT-Algorithmen nicht. Im dritten Abschnitt rechts unten befindet sich der blass dargestellte Superstate *Suche*, in dem die Suchalgorithmen der populationsbasierten MPPT-Algorithmen integriert werden. Daher werden folgend ausschließlich die Suchalgorithmen als wesentliche Bestandteile der MPPT-Algorithmen entworfen und erläutert.

3.2 Genetischer Algorithmus

Der bekannteste evolutionäre Algorithmus ist der genetische Algoritmus (engl. *genetic algorithm*, GA). Die Evolutionsstrategie der hier entwickelten genetischen Algorithmen basiert auf den Prinzipien der Selektion und Rekombination. Das angewandte Selektionsverfahren hat zwei Eigenschaften:

- Mehrere identische Individuen werden zu einem Individuum zusammengefasst (pro Stelle U_i nur ein Individuum);

- Es herrscht eine *überlappende Population* mit *Plus-Selektion* ($\mu + \lambda$) als maßgebliche Evolutionsstrategie. D. h. konkret, dass die Gesamtpopulation *Pop* aus der Summe der Elternpopulation μ und Kinderpopulation λ besteht:

$$Pop = \mu + \lambda \qquad (3.15)$$

Aus der Gesamtpopulation werden die „besten" Individuen ausgewählt, also die mit den höchsten Leistungswerten, und bilden die Elternpopulation μ der nächsten Generation.

Durch die Rekombination wird aus zwei nebeneinander liegenden Elternindividuen auf der Solargeneratorkennlinie eine Anzahl *kinder* Kindindividuen erzeugt. Die Kinderpopulation errechnet sich also aus:

$$\lambda = (\mu - 1) \cdot kinder \qquad (3.16)$$

Weicker stellt drei Rekombinationsarten vor, s. [Wei15, S. 81 ff.]:

- **interpolierend:**
  „ein neues Individuum mit neuen Eigenschafen entsteht, welche sich jedoch zwischen den Eigenschaften der Eltern bewegen" [ebd.], d. h. die erzeugten Kindindividuen (unaus-

Kapitel 3 Evolutionäre Algorithmen und kollektive Intelligenz

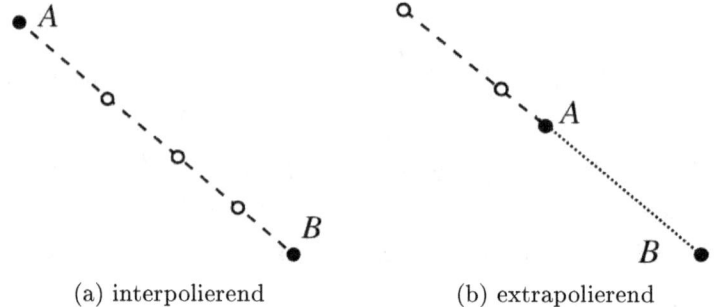

(a) interpolierend   (b) extrapolierend

Abb. 3.4: Darstellung der Rekombinationsarten [Wei15, S. 84 f.]

gefüllte Kreise) befinden sich auf der Kennlinie zwischen den Elternindividuen A und B (ausgefüllte Kreise), s. Abb. 3.4a.

- **extrapolierend:**
  Die extrapolierende Rekombination wird „gezielt Informationen aus mehreren Individuen ableiten und eine Prognose abgeben, wo Güteverbesserungen zu erwarten sind" [ebd.], d. h. die erzeugten Kindindividuen befinden sich auf der Kennlinie jenseits des besseren Elternindividuums, s. Abb. 3.4b.

- **kombinierend:**
  Die kombinierenden Rekombinationsoperatoren „setzen die Details von unterschiedlichen Individuen neu zusammen und können so, im Optimalfall, die vorteilhaften Bestandteile der Elternindividuen zusammenführen" [ebd.].

Der MPP gilt als detektiert, wenn drei Individuen sich nach der Rekombination und vor der Selektion auf derselben Stelle befinden, und diese Stelle das aktuelle Maximum ist. Denn über die Generationen verdichtet sich die Population erst an lokalen

3.2 Genetischer Algorithmus

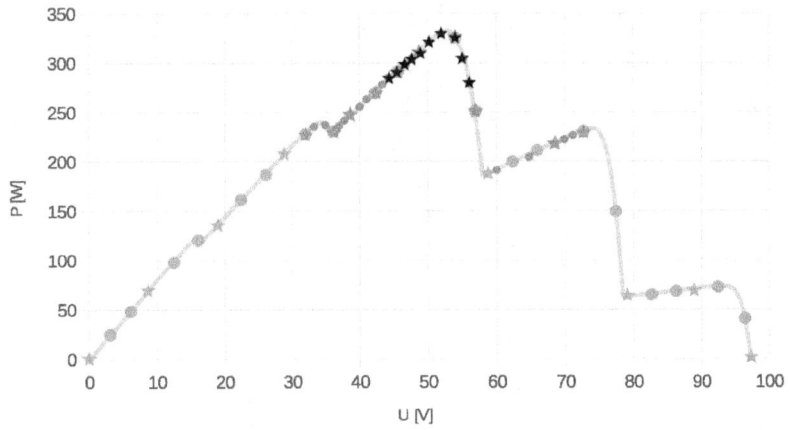

Abb. 3.5: Schema des Funktionsprinzips des genetischen Algorithmus

Maxima und später am globalen Maximum, bis schließlich Individuen im globalen Maximum dieselbe Position einnehmen. In der Abb. 3.5 ist das Funktionsprinzips des genetischen Algorithmus schematisch dargestellt. Dabei ist die erste Generation mit den Elternindividuen (Sterne) und Kindindividuen (große Punkte) hellgrau, die zweite Generation (Sterne und kleine Punkte) mittelgrau und die dritte Generation (nur Eltern) dunkelgrau dargestellt.

Folgend werden drei genetische MPPT-Algorithmen mit den drei Rekombinationsarten entworfen und vorgestellt.

3.2.1 Interpolierender genetischer MPPT-Algorithmus

Der Funktionsblock des interpolierenden genetischen MPPT-Algorithmus (GA int) hat die Eingänge U_{ein}, I_{ein}, digit, μ (my) und kinder, s. Abb. 3.7. An U_{ein} und I_{ein} werden die digitalisierten Messwerte der Regelstrecke übergeben. Mit digit wird der Zif-

Kapitel 3 Evolutionäre Algorithmen und kollektive Intelligenz

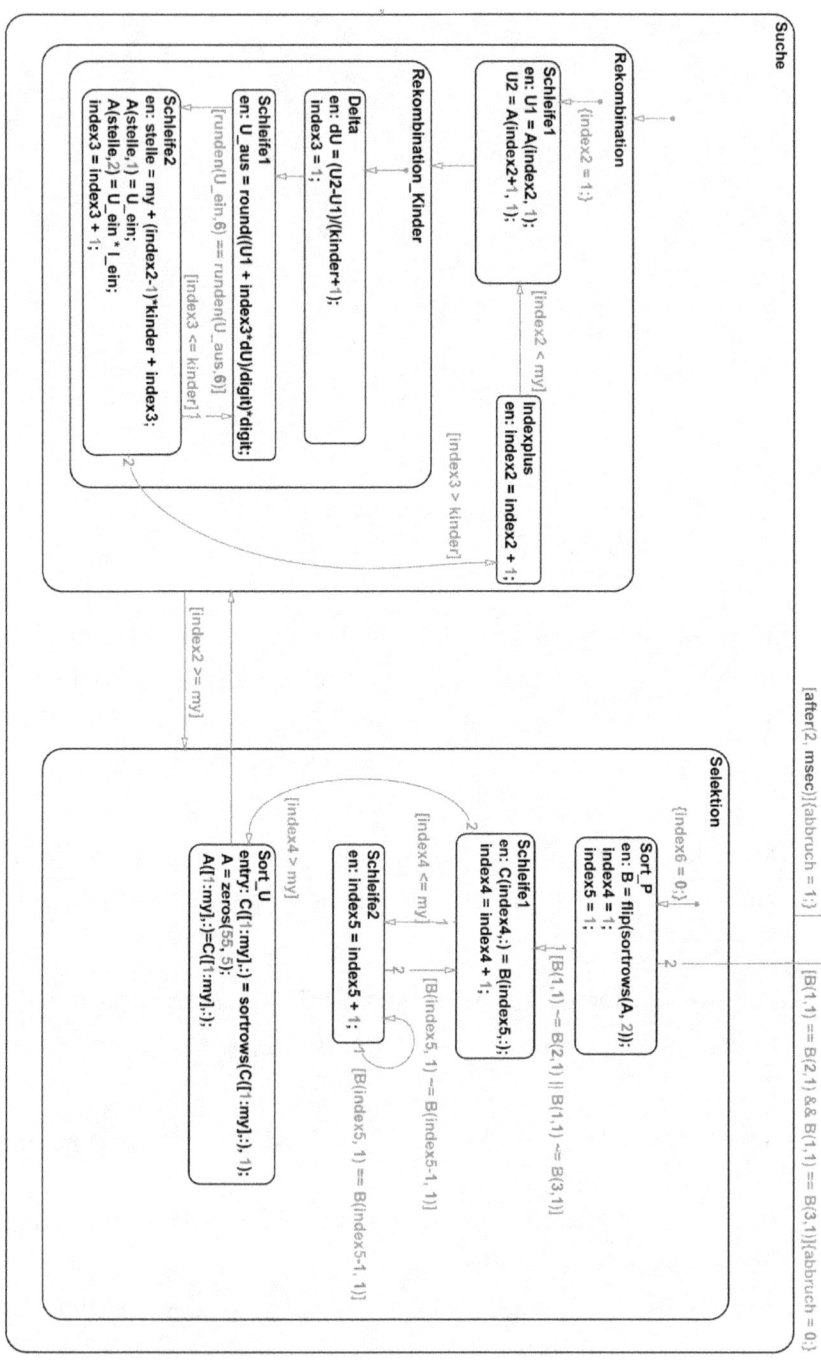

Abb. 3.6: GA int Zustandsdiagramm des Suchalgorithmus

3.2 Genetischer Algorithmus

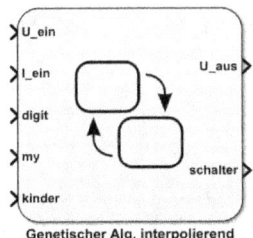

Abb. 3.7: GA int Funktionsblock

fernschritt des Ausgangs und Stellbefehls U_{aus} in Volt festgelegt. Mit der Elternpopulation μ und der Anzahl *kinder* Kindindividuen pro Elternpaar legt man die Gesamtpopulation *Pop* gemäß den Formeln 3.15 und 3.16 fest.

Im Zustandsdiagramm des Suchalgorithmus (s. Abb. 3.6) sind die Abläufe der Rekombination und Selektion dargestellt. Bei der Rekombination werden die Kindindividuen zwischen deren Elternindividuen gleichverteilt über deren Spannungsdifferenz angeordnet. Nach Aufnahme der Messwerte werden die Kindindividuen in die Populationsmatrix A einsortiert. Nach der vollständigen Rekombination folgt die Selektion mit ihren oben aufgeführten Eigenschaften, also identische Individuen zu einem Individuum zusammengeführt werden und die μ „besten" Individuen mit maximaler Leistung aus der Gesamtpopulation in die nächste Generation als Elternindividuen eingehen. Bevor die identischen Individuen zusammengeführt werden, wird verglichen, ob die drei maximalen Individuen identisch sind, um ggf. den MPP zu detektieren.

Wurde der MPP noch nicht detektiert oder per Notabbruch bestimmt, folgt die nächste Generation[5]. Die Rekombination und Selektion wird mit der neuen Population erneut durchgeführt.

---

[5] alt. Iterationsschritt

3.2.2 Extrapolierender genetischer MPPT-Algorithmus

Der extrapolierende genetische MPPT-Algorithmus unterscheidet sich vom interpolierenden nur in seiner Rekombinationart, vgl. Abschnitt 3.2.1. Daher ist in der Abb. 3.8 nur der entsprechende Ausschnitt des Zustandsdiagramms abgebildet und wird folgend erläutert.

Anhand der Steigung $m = \frac{P_2 - P_1}{U_2 - U_1}$ wird ermittelt, welcher Stelle, U_1 oder U_2, der höhere Leistungswert zugeordnet ist, also in welche Richtung der Algorithmus extrapoliert. Generell soll über einen Abstand $U_x = |\overline{U_1 U_2}| = |U_2 - U_1|$ vor oder hinter der Strecke $[U_1 U_2]$ extrapoliert werden. In den Transitionen werden die Ränder des Spannungsbereichs $U \in [0\,V;\, U_{oc}]$ berücksichtigt, so dass bei einer errechneten Überschreitung U_x entsprechend verändert wird. Danach werden die Kindindividuen gleichverteilt über den Spannungsbereich U_x jenseits U_1 oder U_2 angeordnet und nach Aufnahme der Messwerte in die Populationsmatrix $\boldsymbol{A}$ einsortiert.

3.2.3 Kombinierender genetischer MPPT-Algorithmus

Bei dem kombinierenden GA werden die „vorteilhaften Bestandteile der Elternindividuen" [Wei15, S. 81] zusammengeführt. Bei Individuen, die nur aus zwei Bestandteilen, der Spannung U_i und der Leistung P_i, bestehen und die über einen linienförmigen Suchraum verteilt sind, kann man nur wenige Informationen aus deren Kombinationen erhalten, z. B.:

- die Spannungsdifferenz

$$\Delta U_{i,(i+1)} = U_{(i+1)} - U_i \qquad (3.17)$$

3.2 Genetischer Algorithmus

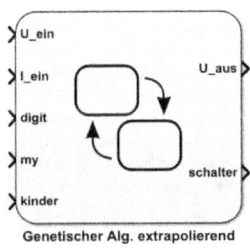

(a) Funktionsblock

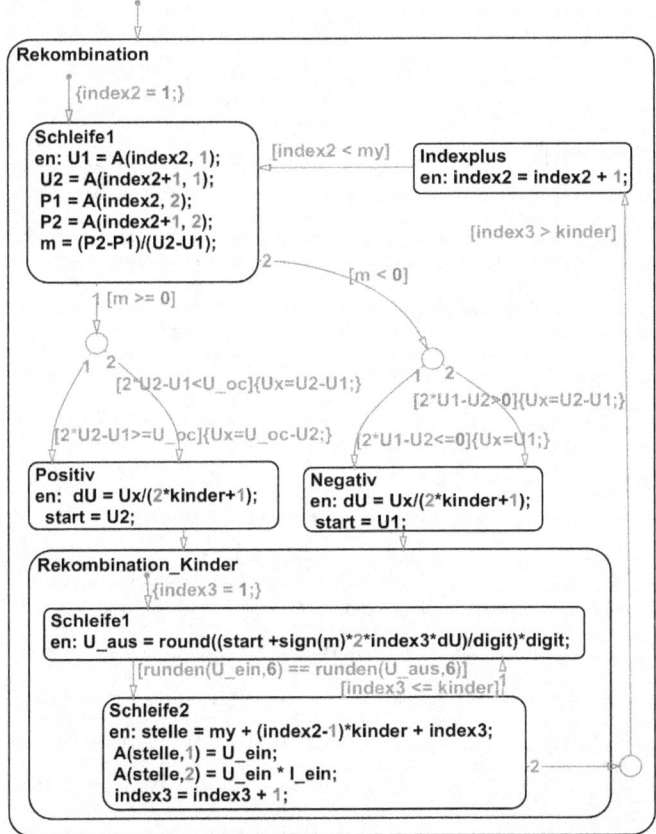

(b) Ausschnitt des Zustandsdiagramms: Superstate *Rekombination*

Abb. 3.8: Extrapolierender genetischer MPPT-Algorithmus

Kapitel 3 Evolutionäre Algorithmen und kollektive Intelligenz

- die Leistungsdifferenz

$$\Delta P_{i,(i+1)} = P_{(i+1)} - P_i \qquad (3.18)$$

- den Gradienten, bzw. die Steigung

$$m_{i,(i+1)} = \frac{\Delta P_{i,(i+1)}}{\Delta U_{i,(i+1)}} \qquad (3.19)$$

Für die MPPT-Algorithmen hochdynamischer Anwendungen ist es vorteilhaft, wenn die Individuen schneller zum globalen Leistungsmaximum konvergieren, um schneller den MPP zu detektieren. Ferner stellen sich zur Entwicklung eines kombinierenden GA zwei entscheidende Fragen:

1. Aus welchen Informationen kann man eine schnellere Konvergenz ableiten?
2. Welche Variablen kann man zur schnelleren Konvergenz verändern?

Selbstverständlich ist die Leistung ein Indiz für die Nähe zum MPP: Je höher die Leistung, desto wahrscheinlicher ist es, dass der Abstand zum MPP gering ist. Des Weiteren sagt das notwendige Kriterium der Extremwertberechnung aus, dass sich bei $\frac{d}{dU}P = 0$ ein lokales Extremum befindet. Also je kleiner die Steigung $m_{i,(i+1)}$, desto wahrscheinlicher wird das Vorhandensein eines Extremums. Aus diesen Informationen können Fitnesswerte der Elternindividuen erstellt werden. Die Kinder werden von links nach rechts über die Kennlinie, also von $U_0 = 0\,V$ nach U_{oc}, verteilt. Deshalb werden dem linken Elternindividuum die Fitnesswerte für das Elternpaar zugeordnet:

- Fitnesswert 1: absteigende Rangliste von 1 bis μ nach der

3.2 Genetischer Algorithmus

Summe der Leistungen eines Elternpaars

$$f_{1,i} \leftarrow P_i + P_{(i+1)} \qquad (3.20)$$

- Fitnesswert 2: aufsteigende Rangliste von 1 bis μ nach dem Betrag der Steigung eines Elternpaars (s. Formel 3.19)

$$f_{2,i} \leftarrow |m_{i,(i+1)}| \qquad (3.21)$$

- Gesamtfitnesswert: Summe der Fitnesswerte 1 und 2

$$f_{ges,i} = f_{1,i} + f_{2,i} \qquad (3.22)$$

Mithilfe des Gesamtfitnesswerts wird ein Einfluss auf die Verteilung der Kindindividuen ausgeübt, um so die Konvergenz zu beschleunigen. Dazu wird die Variable *kinder* als mittlere Anzahl an Kindern eines Elternpaars angesehen. Jedem Elternpaar, also den zwei benachbarten Elternindividuen, wird zwecks Erforschung des Suchraums ein Kind zugesprochen. Der Rest der Kinderpopulation

$$\lambda_{rest} = \lambda - (\mu - 1) \qquad (3.23)$$

wird abhängig von dem Gesamtfitnesswert verteilt, um an den Stellen mit einer hohen Fitness (entspricht einem niedrigen Gesamtfitnesswert) die Feinabstimmung zu erhöhen.

Dazu bekommt das Elternindividuum, bzw. das Elternpaar, mit dem niedrigsten Gesamtfitnesswert die (abgerundete) Hälfte der Restkinderpopulation, also zusätzlich zu dem einen *Standardkind* noch $\frac{1}{2}\lambda_{rest}$ *Bonuskinder*. Das Elternpaar mit dem zweit niedrigsten Gesamtfitnesswert bekommt $\frac{1}{4}\lambda_{rest}$ Bonuskinder, das mit dem dritt niedrigsten Fitnesswert $\frac{1}{8}\lambda_{rest}$ Bonuskinder usw. Da

Kapitel 3 Evolutionäre Algorithmen und kollektive Intelligenz

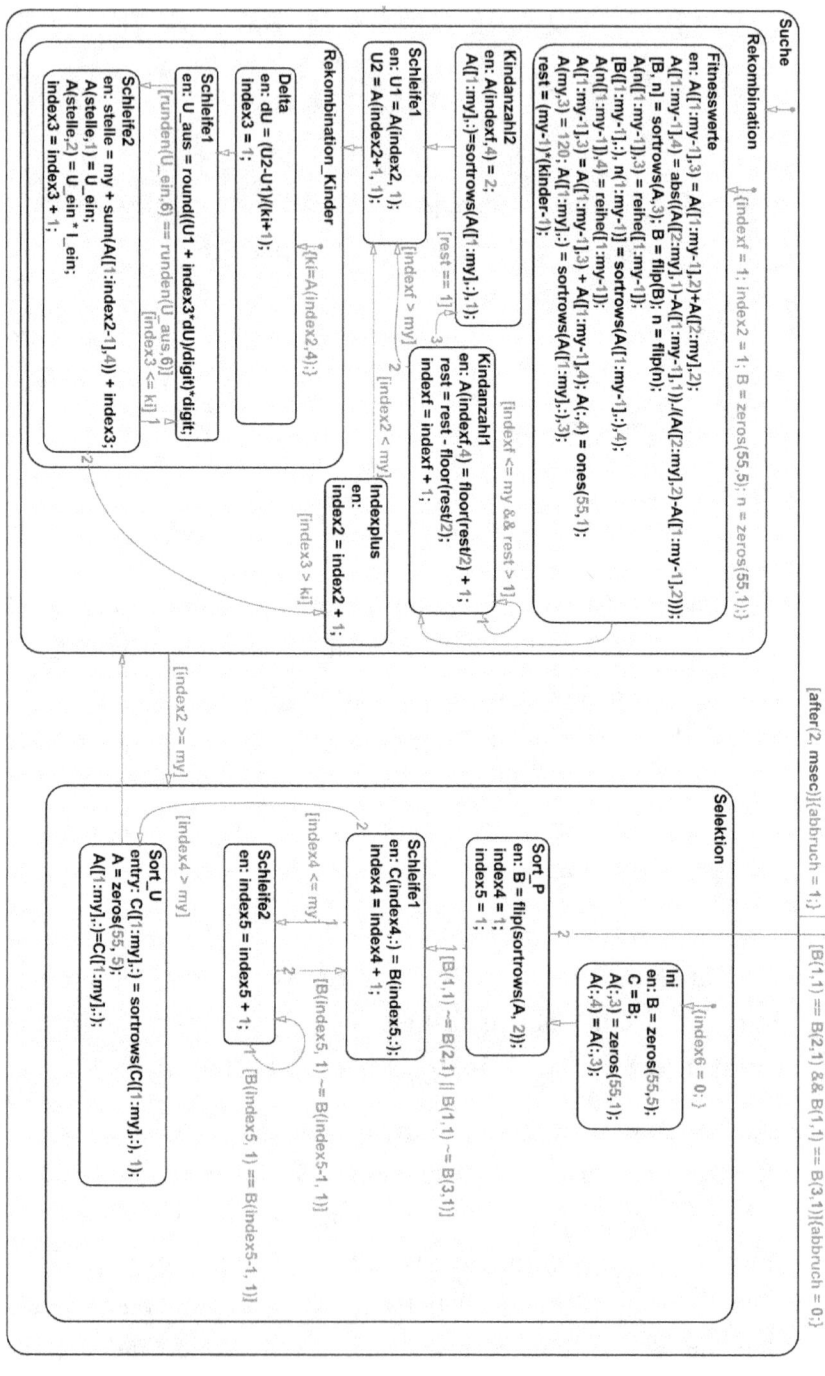

Abb. 3.9: GA kom Zustandsdiagramm des Suchalgorithmus

3.2 Genetischer Algorithmus

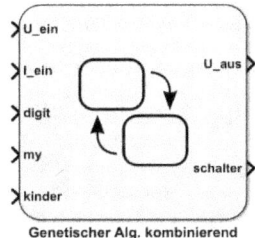

Abb. 3.10: GA kom Funktionsblock

immer abgerundet wird, bleibt ein Bonuskind übrig, das final an das nächste Elternpaar in der Reihe verteilt wird.

Beispiel:
Bei $\mu = 9$, $kinder = 3 \Rightarrow \lambda = 24 \Rightarrow \lambda_{rest} = 16$. Das Elternpaar mit dem niedrigsten Gesamtfitnesswert bekommt 8 Bonuskinder. Die nächsten Elternpaare in der Reihe bekommen: 4, 2, 1 und 1 Bonuskind(er). Daraus folgt insgesamt für 8 Elternpaare die Kinderverteilung: 9, 5, 3, 2, 2, 1, 1 und 1 Kind(er) pro Elternpaar.

Bemerkung

Weicker warnt an mehreren Stellen vor einer zu hohen Konvergenzgeschwindigkeit, weil die Güte des Algorithmus durch vorzeitige Konvergenz, also die Konvergenz zu einem lokalen Maximum anstatt zum globalen Maximum, beeinträchtigt werden könne (vgl. [Wei15]).

Modell

Der kombinierende genetische MPPT-Algorithmus (GA kom) unterscheidet sich vom interpolierenden GA grundlegend nur in der oben beschriebenen Fitnesswertberechnung und Kinderver-

Kapitel 3 Evolutionäre Algorithmen und kollektive Intelligenz

teilung, die im Superstate *Rekombination* in den Zuständen *Fitnesswerte*, *Kinderanzahl1* und *Kinderanzahl2* durchgeführt werden, s. Abb. 3.9. Im Superstate *Selektion* wurde der Initialisierungszustand *Ini* ergänzt.

3.3 Partikelschwarmoptimierung

Bei der Partikelschwarmoptimierung (engl. *particle swarm optimization*, PSO) ändern die Individuen ihre Position durch Lerneffekte und Bewegung. Das bedeutet, dass sie untereinander kommunizieren, also ihre Werte vergleichen, und jedes Individuum eine Geschwindigkeit und Richtung (bzw. Orientierung) besitzt.

Bogon stellt zwei typische Topologien[6] für die PSO vor, s. [Bog13, S. 42 f.] und Abb. 3.11:

- **Zweier-Nachbarschaft**
  Bei der Zweier-Nachbarschaft (engl. *local best*) kommunizieren nur die direkten Nachbarn im Suchraum, auf MPPT-Algorithmen übertragen die benachbarten Individuen an den Stellen $U_{(i-1)}$, U_i und $U_{(i+1)}$. Die Individuen orientieren sich am lokal besten Fitnesswert l_{best}.

- **globale Vollvernetzung**
  Bei der globalen Vollvernetzung (engl. *global best*) kommunizieren alle Individuen der Population[7]. Die Individuen orientieren sich am global besten Fitnesswert g_{best}. Die globale Vollvernetzung neigt zur schnelleren Konvergenz als die Zweier-Nachbarschaft. Jedoch warnt wie Weicker auch Bogon vor einer zu schnellen Konvergenz, weil lokale Ma-

---

[6]Kommunikationsarten zwischen den Individuen
[7]alt. Partikel des Schwarms

3.3 Partikelschwarmoptimierung

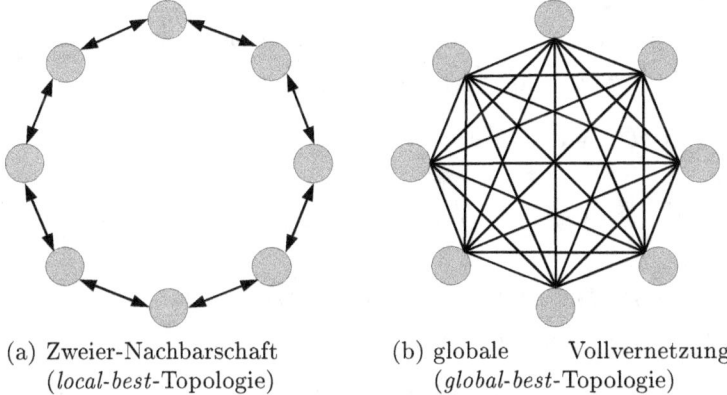

(a) Zweier-Nachbarschaft (*local-best*-Topologie)

(b) globale Vollvernetzung (*global-best*-Topologie)

Abb. 3.11: Typische Topologien der PSO, vgl. [Bog13, S. 43]

xima anstatt des globalen Maximums angesteuert werden könnten.

Für die Berechnung der Geschwindigkeit v wurde hier eine einfache Beziehung zwischen der Distanz vom aktuellen Individuum zum besten Individuum ΔU mit dem Faktor k geschaffen:

- **Geschwindigkeit ohne Gegengewichtung**

$$v = k \cdot \Delta U \qquad (3.24)$$

Über die Differenz ΔU erhält die Geschwindigkeit ihre notwendige Orientierung durch das Vorzeichen.

Empirisch wurde ermittelt, dass für die Zweier-Nachbarschaft $k = \frac{1}{2}$ und für die globale Vollvernetzung $k = \frac{1}{5}$ zweckmäßige Faktoren im Sinne der schnellen und zuverlässigen Konvergenz sind.

Bogon stellt zwei übliche Geschwindigkeitsfunktionen vor, bei denen die vorherige Geschwindigkeit $v_{(i-1)}$, der aktuelle Wert des Individuums p_i der beste Wert des Individuums p_{best}, der beste

Kapitel 3 Evolutionäre Algorithmen und kollektive Intelligenz

globale (bzw. lokale) Wert g_{best} (bzw. l_{best}) mit dem konstanten Faktoren w, c_1 und c_2 und den Zufallszahlen $r_1, r_2 \in [0,1]$ berücksichtigt werden, s. [Bog13, S. 41 f.]:

- *inertia-weight*-**Formel**

$$v_i = w \cdot v_{(i-1)} + r_1 \cdot c_1 \cdot (p_{best} - p_i) + r_2 \cdot c_2 \cdot (g_{best} - p_i) \quad (3.25)$$

Die Standardkonstanten der *inertia-weight*-Formel, mit denen man abgeblich die meisten Optimierungsprobleme angemessen lösen kann, lauten $c_1 = c_2 = 1,4962$ und $w = 0,72984$. Der MPPT-Algorithmus verhält sich mit den Standardkonstanten eher chaotisch, so dass aufgrund experimenteller Betrachtungen $c_1 = c_2 = 0,1$ gewählt wurde.

- *constriction*-**Formel**

$$v_i = w \cdot \big(v_{(i-1)} + r_1 \cdot c_1 \cdot (p_{best} - p_i) + r_2 \cdot c_2 \cdot (g_{best} - p_i)\big) \quad (3.26)$$

mit

$$w = \frac{2}{|2 - \phi - \sqrt{\phi^2 - 4\phi}|} \text{ und } \phi = c_1 + c_2 \quad (3.27)$$

Laut Bogon zeige $\phi = 4,2$ mit $c_1 = c_2 = 2,1$ die „beste Konvergenz". Für den MPPT-Algorithmus funktionieren die Werte zwar, jedoch in den Funktionstests zeigten $c_1 = c_2 = 3$, also $\phi = 6$, die schnellste und zuverlässigste Konvergenz.

Die Individuen streben einen höheren Fitnesswert, d. h. bei MPPT eine höhere Leistung, entweder l_{best} oder g_{best} an. Bei beiden Topologien konvergieren die Individuen potenziell zum globalen Leistungsmaximum. Wurde eine gewisse Populationsdichte erreicht, indem sich alle Individuen der Population innerhalb des

3.3 Partikelschwarmoptimierung

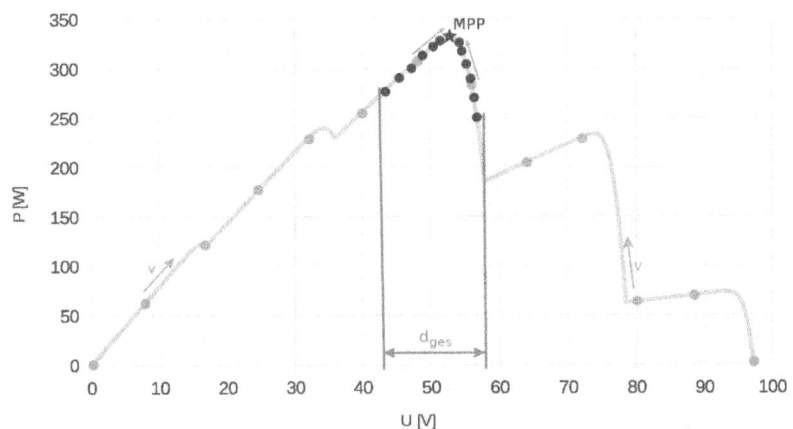

Abb. 3.12: Schema des Funktionsprinzips der Partikelschwarmoptimierung

Gesamtabstands d_{ges} (s. Formel 3.14) befinden, so gilt der MPP als detektiert und das aktuelle Leistungsmaximum wird als MPP gesetzt. In der Abb. 3.12 ist das Funktionsprinzip der Partikelschwarmoptimierung schematisch dargestellt. Die grauen Punkte repräsentieren die Individuen der ersten Generation und die dunkelgrauen Punkte die konvergierte Population mit dem Stern als MPP.

Folgend werden vier MPPT-Algorithmen entworfen und vorgestellt, die die oben erläuterten Methoden der Partikelschwarmoptimierung in unterschiedlicher Art und Weise nutzen.

3.3.1 Local-Best-PSO ohne Gegengewichtung

Der MPPT-Algorithmus *Local-Best-PSO ohne Gegengewichtung* (PSO lb) nutzt die Zweier-Nachbarschaft als Topologie und die Geschwindigkeitsgleichung ohne Gegengewichtung (s. Formel 3.24).

Kapitel 3 Evolutionäre Algorithmen und kollektive Intelligenz

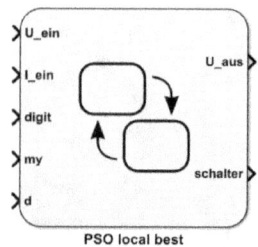

Abb. 3.13: PSO lb Funktionsblock

Der Funktionsblock (s. Abb. 3.13) hat die Eingänge U_{ein}, I_{ein}, digit, μ (my) und d. An U_{ein} und I_{ein} werden die digitalisierten Messwerte der Regelstrecke übergeben. Mit *digit* wird der Ziffernschritt des Ausgangs und Stellbefehls U_{aus} in Volt festgelegt. Die Variable μ steht hier für die Gesamtpopulation. Der mittlere Abstand d dient der Berechnung des Gesamtabstands d_{ges} der Population für das normale Abbruchkriteriums, vgl. Formel 3.14. Für die Versuche wird $d = 10$ gesetzt.

Der Suchalgorithmus besteht aus den beiden Superstates *Imitation* und *Evaluation*, s. Abb. 3.14. In dem Superstate *Imitation* wird die Leistung des aktuellen Individuums $P_{k,i}$ mit den Leistungen der zwei benachbarten Individuen $P_{(k-1),i}$ und $P_{(k+1),i}$ verglichen, um das Individuum mit dem besten lokalen Fitnesswert l_{best} zu bestimmen. Anhand dessen wird die Geschwindigkeit v inklusive Orientierung ermittelt, damit das aktuelle Individuum l_{best} anstrebt. Wenn das aktuelle Individuum l_{best} ist, ergibt sich aus der Berechnung $v = 0$, d. h. das Individuum hat keine Ambitionen, seine Position zu wechseln. Aus der Geschwindigkeit v wird die Position $U_{k,(i+1)}$ des aktuellen Individuums k für den nächsten Iterationsschritt $(i + 1)$ bestimmt. Wenn alle Positionen $U_{(i+1)}$ ermittelt und in die Populationsmatrix $\boldsymbol{A}$ eingepflegt wurden, werden sie an den Superstate *Evaluation* übergeben, in dem

3.3 Partikelschwarmoptimierung

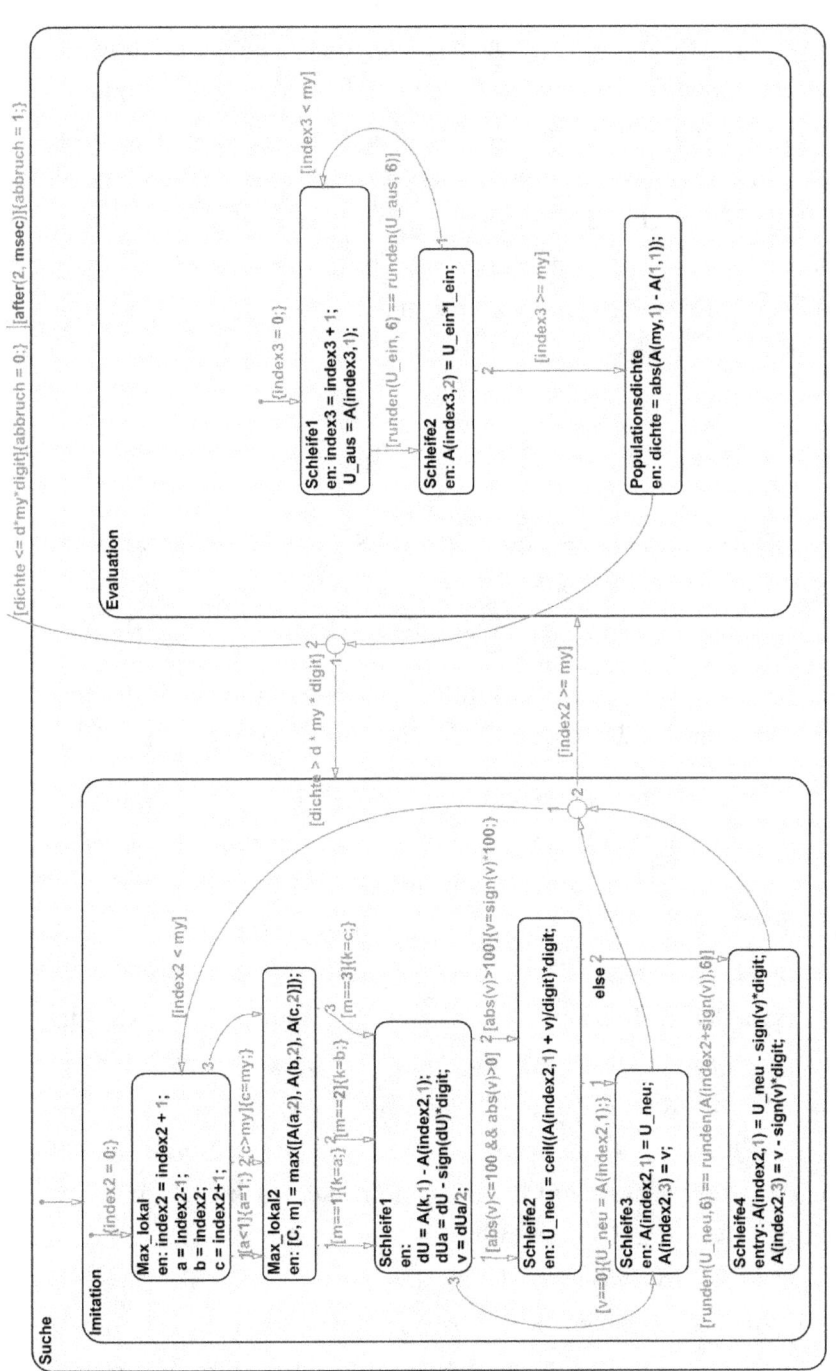

Abb. 3.14: PSO lb Zustandsdiagramm des Suchalgorithmus

Kapitel 3 Evolutionäre Algorithmen und kollektive Intelligenz

alle Leistungen $P_{(i+1)}$ für den nächsten Iterationsschritt und der nächsten Imitation abgefragt und ebenfalls in die Populationsmatrix $\boldsymbol{A}$ eingepflegt werden. Danach wird überprüft ob die Populationsdichte *dichte* (bzw. der aktuelle Gesamtabstand) kleiner als das festgelegte Abbruchkriterium d_{ges} ist. Trifft das Abbruchkriterium nicht zu, wird der Superstate *Imitation* wieder aktiviert, um die Fitnesswerte erneut zu vergleichen und die Geschwindigkeiten der Individuen anzupassen.

3.3.2 Global-Best-PSO ohne Gegengewichtung

Der MPPT-Algorithmus *Global-Best-PSO ohne Gegengewichtung* (PSO gb) nutzt die globale Vernetzung als Topologie und die Geschwindigkeitsgleichung ohne Gegengewichtung (s. Formel 3.24).

Die Ein- und Ausgänge des Funktionsblocks haben sich im Vergleich zu dem des *Local-Best-PSO* nicht verändert, s. Abb. 3.13.

Der Suchalgorithmus besteht aus dem Initialisierungszustand P_max_ini und den beiden Superstates *Imitation* und *Evaluation*, s. Abb. 3.15. Im Initialisierungszustand wird das Individuum mit der aktuell maximalen Leistung g_{best} ermittelt. In dem Superstate *Imitation* wird aus dem Spannungsabstand zwischen dem aktuellen Individuum k und dem globalen besten Individuum g_{best} die Geschwindigkeit v inklusive Orientierung ermittelt, damit das aktuelle Individuum g_{best} anstrebt. Wenn das aktuelle Individuum g_{best} ist, ergibt sich aus der Berechnung $v = 0$, d. h. das Individuum hat keine Ambitionen, seine Position zu wechseln. Aus der Geschwindigkeit v wird die Position $U_{k,(i+1)}$ des aktuellen Individuums k für den nächsten Iterationsschritt $(i+1)$ bestimmt. Wenn alle Positionen $U_{(i+1)}$ ermittelt und in die Populationsmatrix $\boldsymbol{A}$ eingepflegt wurden, werden sie an den

3.3 Partikelschwarmoptimierung

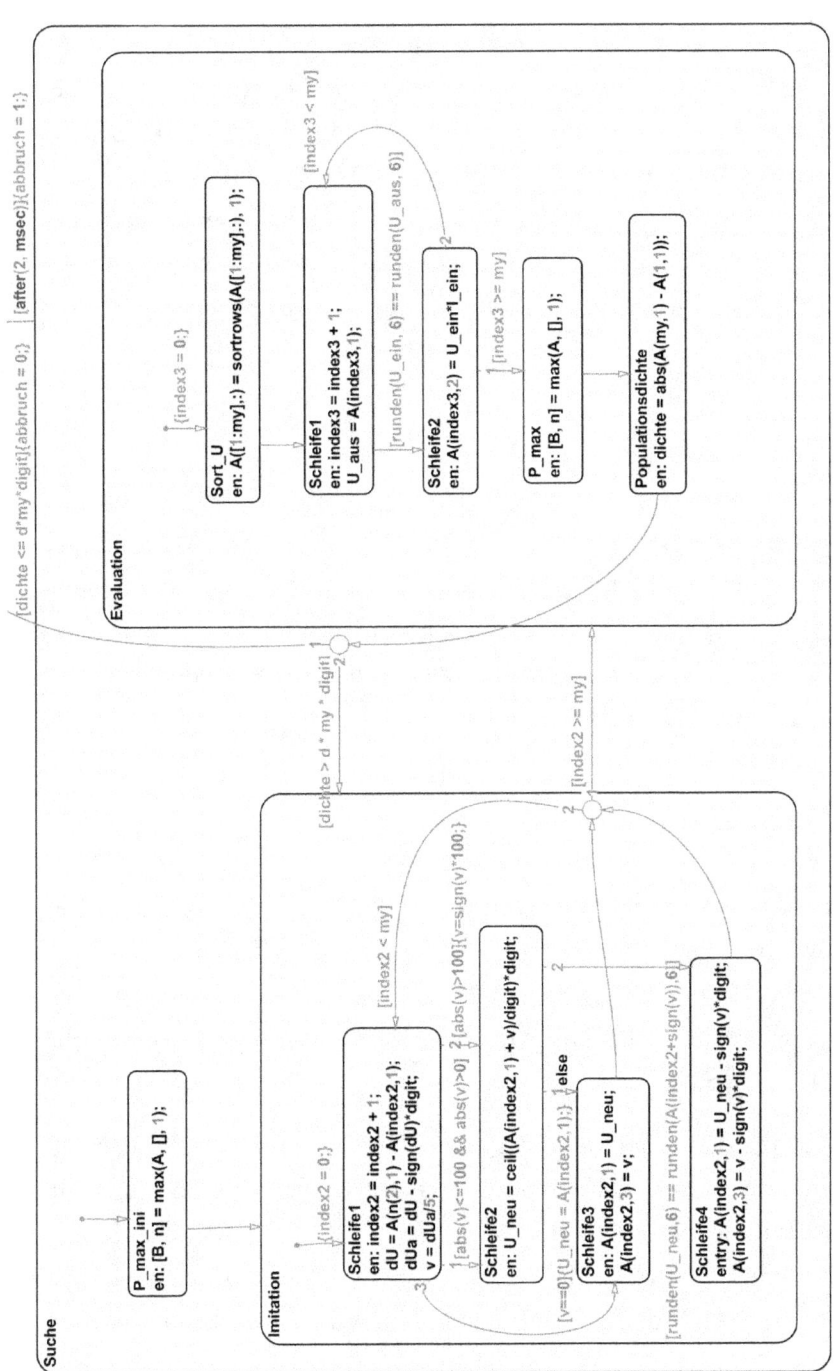

Abb. 3.15: PSO gb Zustandsdiagramm des Suchalgorithmus

Kapitel 3 Evolutionäre Algorithmen und kollektive Intelligenz

Superstate *Evaluation* übergeben, in dem wie beim Algorithmus *Local-Best-PSO ohne Gegengewichtung* die Leistungen $P_{(i+1)}$ für den nächsten Iterationsschritt ermittelt und das Abbruchkriterium der Populationsdichte überprüft wird, vgl. Abschnitt 3.3.1. Trifft das Abbruchkriterium nicht zu, wird der Superstate *Imitation* wieder aktiviert, um die Fitnesswerte erneut zu vergleichen und die Geschwindigkeiten der Individuen anzupassen.

Bemerkung

Weil der PSO-Algorithmus mit der globalen Vollvernetzung in den Funktionstests signifikant schneller als der PSO-Algorithmus mit der Zweier-Nachbarschaft konvergiert, aber die Genauigkeit identisch ist, werden die beiden Geschwindigkeitsgleichungen *inertia weight* und *constriction* nur noch mit der globalen Vollvernetzung kombiniert.

3.3.3 Global-Best-PSO inertia weight

Der MPPT-Algorithmus *Global-Best-PSO inertia weight* (PSO gb iw) funktioniert ähnlich wie *Global-Best-PSO ohne Gegengewichtung* (vgl. Abschnitt 3.3.2) mit dem Unterschied, dass als Geschwindigkeitsgleichung die *inertia-weight*-Formel eingesetzt wird, s. Formel 3.25.

Zur Berechnung der *inertia-weight*-Formel müssen zusätzlich die Spannung U_{best} und Leistung P_{best} des Leistungsmaximums für jedes Individuum, die Konstanten $c = c_1 = c_2$ und w und die Zufallszahlen $r_1, r_2 \in [0, 1]$ bereitgestellt werden. Aufgrund dessen wird die Geschwindigkeit in dem Superstate *Imitation* berechnet, s. Abb. 3.16. Die zusätzlichen Attribute des Individuums

3.3 Partikelschwarmoptimierung

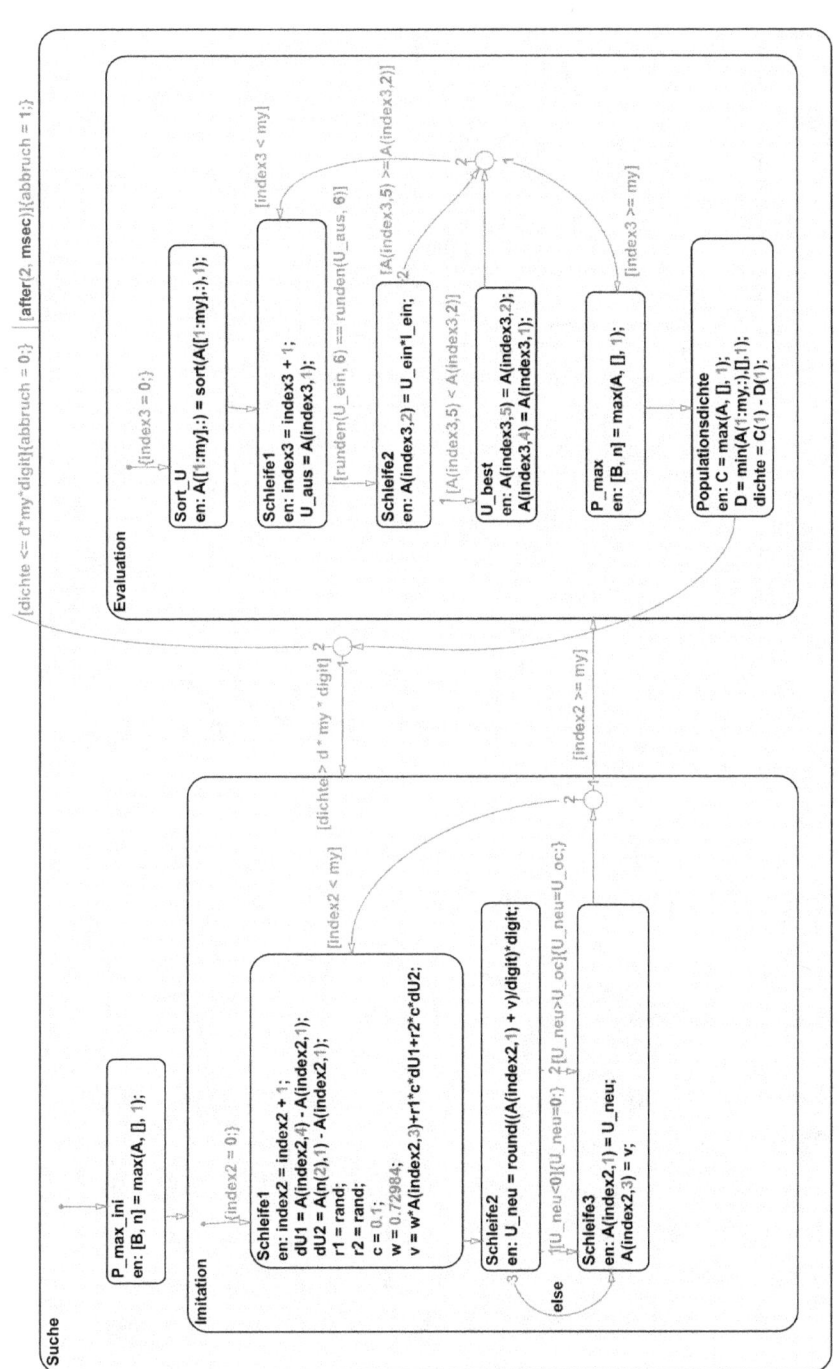

Abb. 3.16: PSO gb iw Zustandsdiagramm des Suchalgorithmus

Kapitel 3 Evolutionäre Algorithmen und kollektive Intelligenz

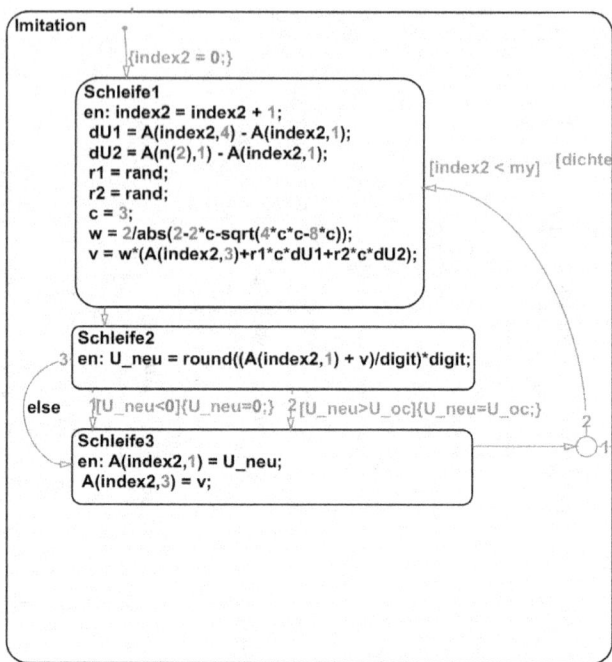

Abb. 3.17: Ausschnitt des PSO gb c Zustandsdiagramms: Superstate *Imitation*

U_{best} und P_{best} werden in dem Superstate *Evaluation* ermittelt und in der Populationsmatrix **A** gespeichert.

3.3.4 Global-Best-PSO constriction

Der MPPT-Algorithmus *Global-Best-PSO constriction* (PSO gb c) funktioniert wie *Global-Best-PSO inertia weight* (vgl. Abschnitt 3.3.3) mit dem einzigen Unterschied, dass als Geschwindigkeitsgleichung die *constriction*-Formel anstatt der *inertia-weight*-Formel eingesetzt wird, s. Formeln 3.26 und 3.27. Zum Vergleich ist der Superstate Imitation in der Abb. 3.17 abgebildet.

3.4 Bakterienalgorithmus

Das Interessante am Bakterienalgorithmus (engl. *bacteria foraging optimization*, BFO) ist die Tatsache, dass gewissermaßen sowohl Methoden der EA als auch der SI benutzt werden. Die Individuen des Bakterienalgorithmus bewegen und reproduzieren sich.

Der originale BFO benutzt vier Methoden, vgl. [Deh15, S. 7 ff.]:

- *Chemotaxis*:
  Bewegung der Individuen

- *Swarming*:
  Schwarmbildun inkl. Anziehung und Abstoßung einzelner Individuen

- *Reproduction*:
  Reproduktion durch Zellteilung

- *Elimination-Dispersal*:
  Fitnesswertbetrachtung und Auswirkungen

Der BFO-Algorithmus wurde für MPPT-Zwecke modifiziert und besteht aus zwei Phasen:

- **Bewegungsphase**,
  in der sich die Individuen zur Nahrungsaufnahme (Fitnesswertbildung) durch den Suchraum bewegen. Die Bewegungsphase dient der lokalen Erkundung.

- **Reproduktionsphase**,
  in der sich die besten Individuen durch mehrfache Zellteilung vermehren, die anderen jedoch sterben. Durch die Selektion und Reproduktion in der Reproduktionsphase wird die Konvergenz zum globalen Maximum beschleunigt.

Kapitel 3 Evolutionäre Algorithmen und kollektive Intelligenz

Die Attribute eines Individuums werden mit der Spannung U_i, der Leistung P_i, der Schrittweite v_i, dem Fitnesswert f_i und der Gewichtung w_i auf

$$A_i = \begin{pmatrix} U_i \\ P_i \\ v_i \\ f_i \\ w_i \end{pmatrix} \quad (3.28)$$

gesetzt, auch wenn nicht für alle BFO-Varianten alle Variablen erforderlich sind.

Die folgenden drei Varianten eines BFO-MPPT-Algorithmus wurden entwickelt. Dabei entsprechen die Ein- und Ausgänge der Funktionsblöcke dem Funktionsblock der Partikelschwarmoptimierung, s. Abb. 3.13.

3.4.1 BFO randomisiert

Der randomisierte Bakterienalgorithmus (BFO rand) entspricht dem originalen Bakterienalgorithmus gemäß [Deh15, S. 7 ff.] am meisten.

In der Bewegungsphase geht jedes Individuum j_{max} Schritte, s. Abb. 3.18. Im aktuellen Schritt j bewegt dich das Individuum mit der randomisierten Schrittweite von

$$v_j = r_j \cdot c \quad (3.29)$$

mit der Zufallszahl $r_j \in [-1; 1]$, der normalen Schrittweite

$$c = \frac{U_{oc}}{\mu - 1} \quad (3.30)$$

bei der μ für die Gesamtpopulation steht. Die neue Position wird

3.4 Bakterienalgorithmus

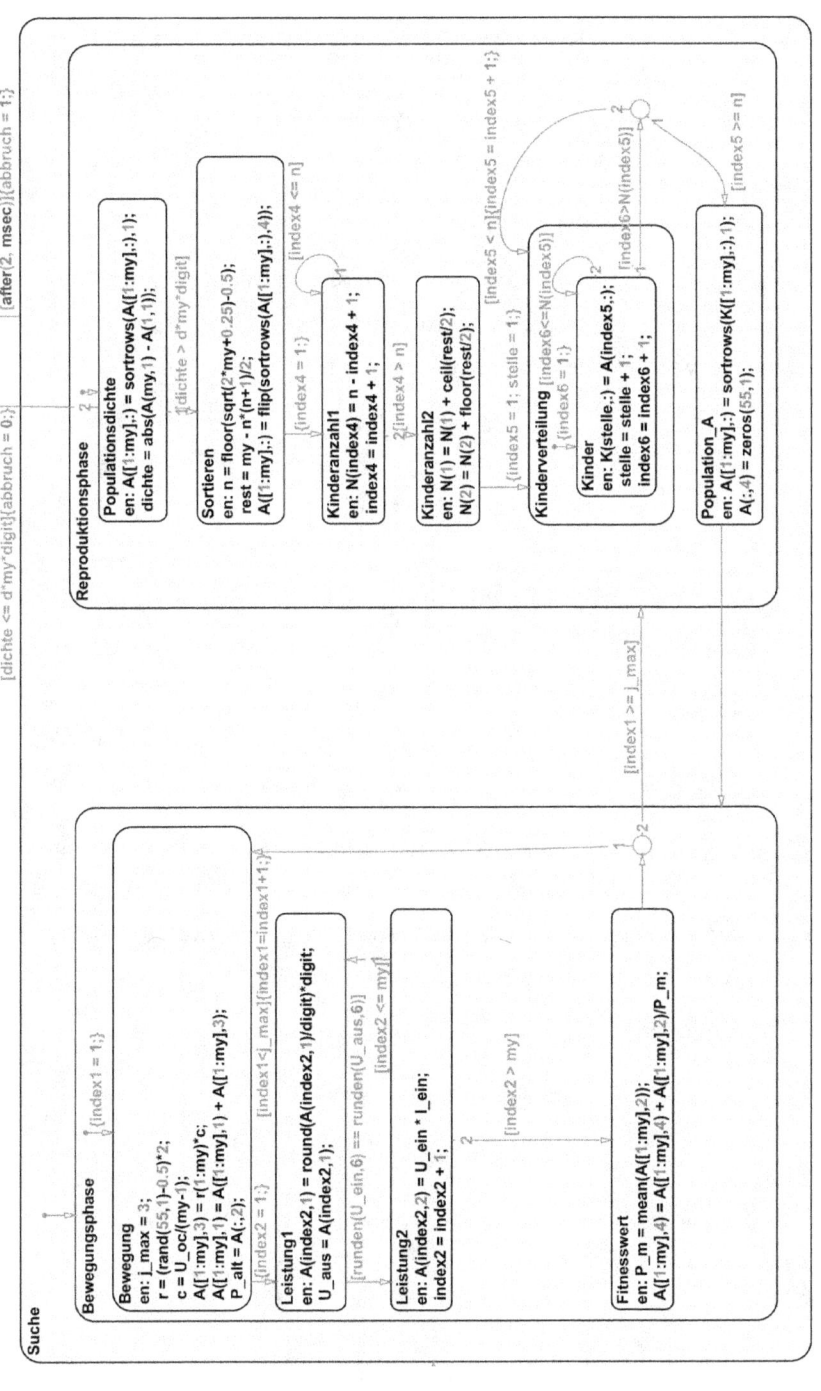

Abb. 3.18: BFO rand Zustandsdiagramm des Suchalgorithmus

Kapitel 3 Evolutionäre Algorithmen und kollektive Intelligenz

durch Addition der Schrittweite (die auch negativ sein kann)

$$U_j = U_{(j-1)} + v_j \qquad (3.31)$$

ermittelt.

Der Fitnesswert f entspricht dem Erfolg der Nahrungsaufnahme des Bakteriums, welcher beim MPPT durch die Leistung repräsentiert wird. Zuerst wird ein Mittelwert der Leistung aller Individuen i gebildet

$$P_{m,j} = \frac{1}{\mu} \cdot \sum_{i=1}^{\mu} P_{i,j} \qquad (3.32)$$

Die aktuelle Leistung des Individuums P_j wird mit $P_{m,j}$ ins Verhältnis gesetzt. Die Formel für den kumulativen Gesamtfitnesswert lautet

$$f_j = f_{(j-1)} + \frac{P_j}{P_{m,j}} \qquad (3.33)$$

Nach der Bewegungsphase wird die Reproduktionsphase eingeleitet. Dazu wird die Rangfolge der Populationsmatrix $\boldsymbol{A}$ absteigend an dem Fitnesswert f ausgerichtet. Anhand der gauß'schen Summenformel wird errechnet, welche Anzahl n an Individuen sich reproduzieren werden.

$$\begin{aligned}\mu &= \tfrac{n \cdot (n+1)}{2} \\ \Rightarrow n &= floor\left(\sqrt{(2\mu + \tfrac{1}{4})} - \tfrac{1}{2}\right)\end{aligned} \qquad (3.34)$$

mit $n \in \mathbb{N}$, deshalb wird die errechnete Anzahl n abgerundet. Der Rest beträgt

$$n_{rest} = \mu - \frac{n \cdot (n+1)}{2} \qquad (3.35)$$

Gleichzeitig ist n die Anzahl an Kindern des Individuums mit dem höchsten Fitnesswert. Die Kinderanzahl sinkt pro Rang um 1, so dass das zweite Individuum in der nach dem Fitnesswert geordneten Populationsmatrix $\boldsymbol{A}$ $n-1$ Kinder bekommt, das dritte Individuum $n-2$ Kinder usw. Zum Beispiel werden sich 10 Individuen aus einer Population von 55 Individuen mit dem Rest $n_{rest} = 0$ mit der absteigenden Kinderanzahl von $kinder = 10, 9, 8, \ldots, 2, 1$ reproduzieren. Ein eventueller Rest wird unter den zwei besten Individuen aufgeteilt, so dass beispielsweise bei 33 Individuen die Rechnung $n=7$ und $n_{rest}=5$ ergibt. Also erfolgt die Verteilung von $kinder = 7, 6, 5, \ldots, 2, 1$ Kindern. Jedoch durch die Aufteilung des Rests verändert sich die Verteilung auf $kinder = 10, 8, 5, \ldots, 2, 1$.

Die Reproduktion geschieht durch mehrfache Zellteilung, d. h. an der Stelle des Elternindividuums befinden sich nun die ermittelten *kinder* Kindindividuen, die jedoch durch die randomisierte Bewegung in der Bewegungsphase unterschiedliche Wege einschlagen. Die Elternpopulation wird vollständig durch die Kinderpopulation ersetzt. Evolutionsstrategisch handelt es sich um eine *Komma-Selektion*, jedoch ähneln die Kindindividuen aufgrund des Prinzips der Zellteilung den jeweiligen Elternindividuen sehr.

Als normales Abbruchkriterium der Suche wird die Populationsdichte verwendet. Also wenn der Gesamtabstand kleiner-gleich des mittleren Individuenabstands von 10 *digits* ist, gilt der MPP als detektiert. Ansonsten folgt der nächste Zyklus.

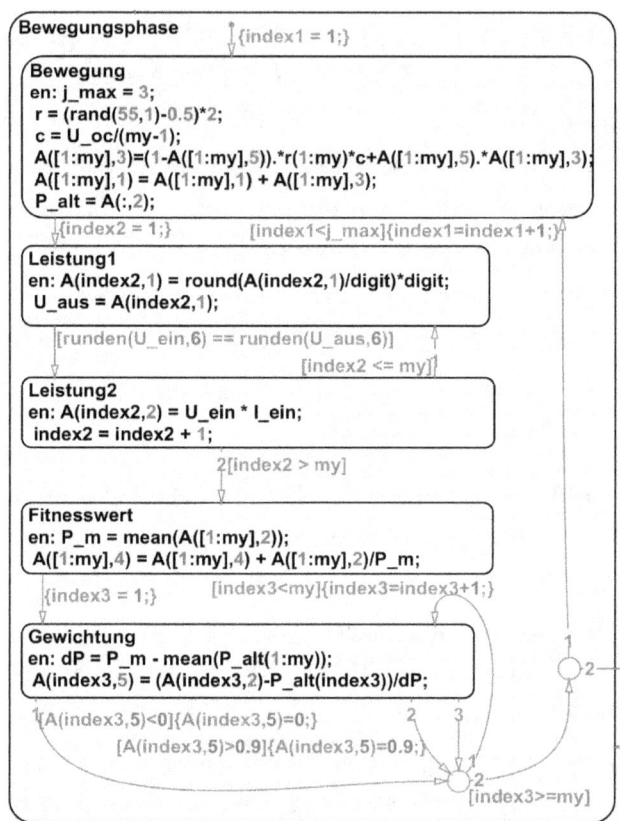

Abb. 3.19: Ausschnitt des BFO gew Zustandsdiagramms: Superstate *Bewegungsphase*

3.4.2 BFO mit Gewichtung

Die Variante *BFO mit Gewichtung* enthält im Vergleich zu *BFO randomisiert* nur eine Veränderung: In die Gleichung für die Schrittweite wird eine Gewichtung ähnlich dem *inertia-weight*- oder *constriction*-Prinzip aus der Partikelschwarmoptimierung (s. Abschnitt 3.3) integriert:

$$v_j = (1 - w_j) \cdot r_j \cdot c + w_j \cdot v_{(j-1)} \qquad (3.36)$$

mit der Gewichtung w_j und der vorherigen Geschwindigkeit $v_{(j-1)}$.

Die Gewichtung der Geschwindigkeit und Orientierung hängt vom Verhältnis der Leistungssteigerungen ab:

$$w_{(j+1)} = \frac{P_j - P_{(j-1)}}{P_{m,j} - P_{m,(j-1)}} \qquad (3.37)$$

mit der Einschränkung $w_{(j+1)} \in [0; 0,9]$.

Die Reproduktionsphase ist identisch mit der Variante *BFO randomisiert*. In dem Superstate *Bewegungsphase* wurde lediglich der Zustand *Gewichtung* ergänzt und die Berechnung der Schrittweite gemäß Formel 3.36 verändert, s. Abb. 3.19.

3.4.3 BFO global best

Die Variante *Bakterienalgorithmus global best* (BFO gb) basiert ebenfalls auf *BFO randomisiert*, die Gewichtung wurde also nicht übernommen. Stattdessen wurde die Topologie der globalen Vernetzung aus der Partikelschwarmoptimierung (s. Abschnitt 3.3 und Abb. 3.11b) in den Bakterienalgorithmus integriert. Bisher

Kapitel 3 Evolutionäre Algorithmen und kollektive Intelligenz

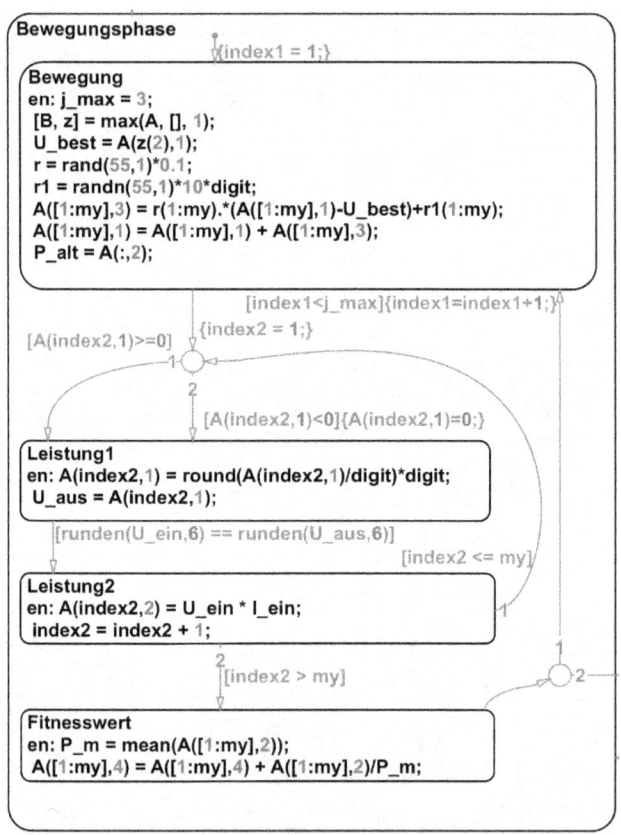

Abb. 3.20: Ausschnitt des BFO gb Zustandsdiagramms: Superstate *Bewegungsphase*

haben die Individuen der BFO nicht miteinander kommuniziert. Bei dieser Variante findet ein Lerneffekt statt: Alle Individuen streben das Individuum mit dem aktuellen Leistungsmaximum an.

Dazu werden zwei verschiedene Zufallsfaktoren r_j und $r_{1,j}$ erzeugt. Die Zufallsfaktoren $r_j \in [0;1]$ sind gleichverteilt. Die Zufallszahlen $r_{1,j}$ sind normalverteilt mit dem Mittelwert 0 und der Standardabweichung 1, also ungefähr[8] $r_{1,j} \in [-3;3]$, und dienen der verbesserten Feinabstimmung. Die Gleichung für die Schrittweite lautet:

$$v_j = 0,1 \cdot r_j \cdot (U_j - U_{best}) + 10 \cdot r_{1,j} \cdot digit \qquad (3.38)$$

mit der Spannung U_{best} des Individuums mit dem aktuellen Leistungsmaximum und dem Ziffernschritt $digit$.

Auch bei dieser Variante ist die Reproduktionsphase mit der Variante *BFO randomisiert* identisch. In dem Superstate *Bewegungsphase* wurde lediglich das Individuum mit der maximalen Leistung ermittelt und die Berechnung der Schrittweite gemäß Formel 3.38 verändert, s. Abb. 3.20.

3.5 Feuerwerkalgorithmus

Der Feuerwerkalgorithmus (engl. *fireworks algorithm*, FWA) ist eine der neusten Entwicklungen auf dem Gebiet der populationsbasierten Algorithmen. Er wurde von Tan entwickelt, 2010 erstmalig vorgestellt [Tan15, S. 15, Ref. 27] und 2015 in der Monografie [Tan15] publiziert.

---

[8]statistisch für die Anzahl an Zufallszahlen

Kapitel 3 Evolutionäre Algorithmen und kollektive Intelligenz

Als Analogie für seine Methoden dient dem Feuerwerkalgorithmus keine biologische Vorlage sondern ein erdachtes Prinzip, das einem Feuerwerk ähnelt. Der Funktionsablauf des FWA ist wie folgt, vgl. [Tan15, S. 18 ff.]:

1. Die Elternindividuen (Feuerwerke) werden zufällig im Suchraum verteilt;

2. Eine Fitnessfunktion sucht die besten Elternindividuen (Feuerwerke) aus;

3. Bessere Elternindividuen (Feuerwerke) produzieren mehr Kindindividuen (Funken) in kleiner Distanz, *et vice versa*. Die Kindindividuen werden mit einem gauß'schen Mutationsfaktor versehen, also normalverteilt über einen eingeschränkten Suchraum um das Elternindividuum angeordnet; und

4. Die besten Individuen (Feuerwerke/ Funken) werden selektiert und bilden die Population der nächsten Generation, oder durch das Abbruchkriterium wird die Suche beendet.

Tan ordnet den FWA zwar der kollektiven Intelligenz unter, jedoch weist der FWA durch die Unterscheidung von Eltern- und Kindindividuen und seiner Methoden der Mutation und Selektion mehr Gemeinsamkeiten mit den evolutionären Algorithmen auf. Der FWA erinnert an einen genetischen Algorithmus, dessen Elternindividuen sich anstatt durch Rekombination mit anderen Individuen ausschließlich durch Klonen und Mutation vermehren.

Der FWA wird in dem folgenden Abschnitt für die Anwendung als MPPT-Algorithmus angepasst.

3.5 Feuerwerkalgorithmus

3.5.1 FWA-MPPT-Algorithmus

Die initiale Verteilung der Elternindividuen mit der Anzahl μ ist durch die Rahmenbedingungen und das Rahmenmodell festgelegt, s. Abschnitt 3.1.6. Die Erstverteilung erfolgt gleichverteilt über den Suchraum, und jede weitere Verteilung konzentriert sich normalverteilt um den ehemaligen MPP.

Die originale Selektionsstrategie basiert auf der euklidischen Distanz, bei der auch weiter entfernte Kindindividuen berücksichtigt werden, um die Diversität zu erhalten, vgl. [Tan15, S. 30]. Für die Anwendung des Feuerwerkalgorithmus als MPPT-Algorithmus wird diese Selektionsstrategie zugunsten der schnelleren Konvergenz verändert, so dass wie beim genetischen Algorithmus die μ Individuen mit den höchsten Leistungen aus der Gesamtpopulation die Elternpopulation der nächsten Generation bilden. Also handelt es sich evolutionsstrategisch um eine *Plus-Selektion*.

Die Anzahl der Kinder, die ein Elternindividuum reproduziert, hängt von dem Fitnesswert ab: Je höher die Leistung des Elternindividuums, desto mehr Kinder werden ihm zugewiesen. Die Zuordnung der Anzahl der Kinder erfolgt wie im kombinierenden GA, s. Abschnitt 3.2.3.: Jedes Elternindividuum erhält ein Kind. Zusätzlich erhält das Elternindividuum mit der höchsten Leistung die Hälfte der Restkinderpopulation $\frac{1}{2}\lambda_{rest}$, das Individuum mit der zweithöchsten Leistung $\frac{1}{4}\lambda_{rest}$, das mit der dritthöchsten Leistung $\frac{1}{8}\lambda_{rest}$ etc., bis alle Bonuskinder verteilt sind.

Die Kindindividuen werden normalverteilt um das zugehörige Elternindividuum angeordnet. Dazu werden normalverteilte Zufallszahlen r mit dem Mittelwert 0 und der Standardabweichung

Kapitel 3 Evolutionäre Algorithmen und kollektive Intelligenz

1, also ungefähr[9] $r \in [-3; 3]$, gebildet. Die Abstandsgleichung zum Elternindividuum lautet:

$$dU = r \cdot c \ [V] \tag{3.39}$$

Der Faktor c hängt ebenfalls vom Fitnesswert ab: Je höher die Leistung, desto niedriger der Abstand zum Elternindividuum. Dazu wird die aktuell maximale Leistung P_{max} ermittelt, die dann mit der Leistung des Individuums P_i ins Verhältnis gesetzt wird:

$$c = \frac{1}{2} \cdot \frac{P_{max}}{P_i} \tag{3.40}$$

in den Grenzen $c \in [0, 5; 5]$.

Aus der Gesamtpopulation $(\mu + \lambda)$ werden die μ besten Individuen, also die mit der höchsten Leistung, selektiert und bilden die Elternpopulation der nächsten Generation. Als normales Abbruchkriterium der Suche gilt die Populationsdichte, zu derer Berechnung laut Rahmenbedingungen der mittlere Abstand $d = 10$ gesetzt wird, vgl. Abschnitt 3.1.6 und Formel 3.14.

Modell

Der Funktionsblock (s. Abb. 3.22) hat die Eingänge U_{ein}, I_{ein}, *digit*, μ *(my)*, *kinder* und *d*. An U_{ein} und I_{ein} werden die digitalisierten Messwerte der Regelstrecke übergeben. Mit *digit* wird der Ziffernschritt des Ausgangs und Stellbefehls U_{aus} in Volt festgelegt. Mit der Anzahl der Eltern μ und der durchschnittlichen Kinderanzahl *kinder* wird die Gesamtpopulation definiert. Der mittlere Abstand *d* dient der Berechnung des Gesamtabstands

---

[9]statistisch für die Anzahl an Zufallszahlen

3.5 Feuerwerkalgorithmus

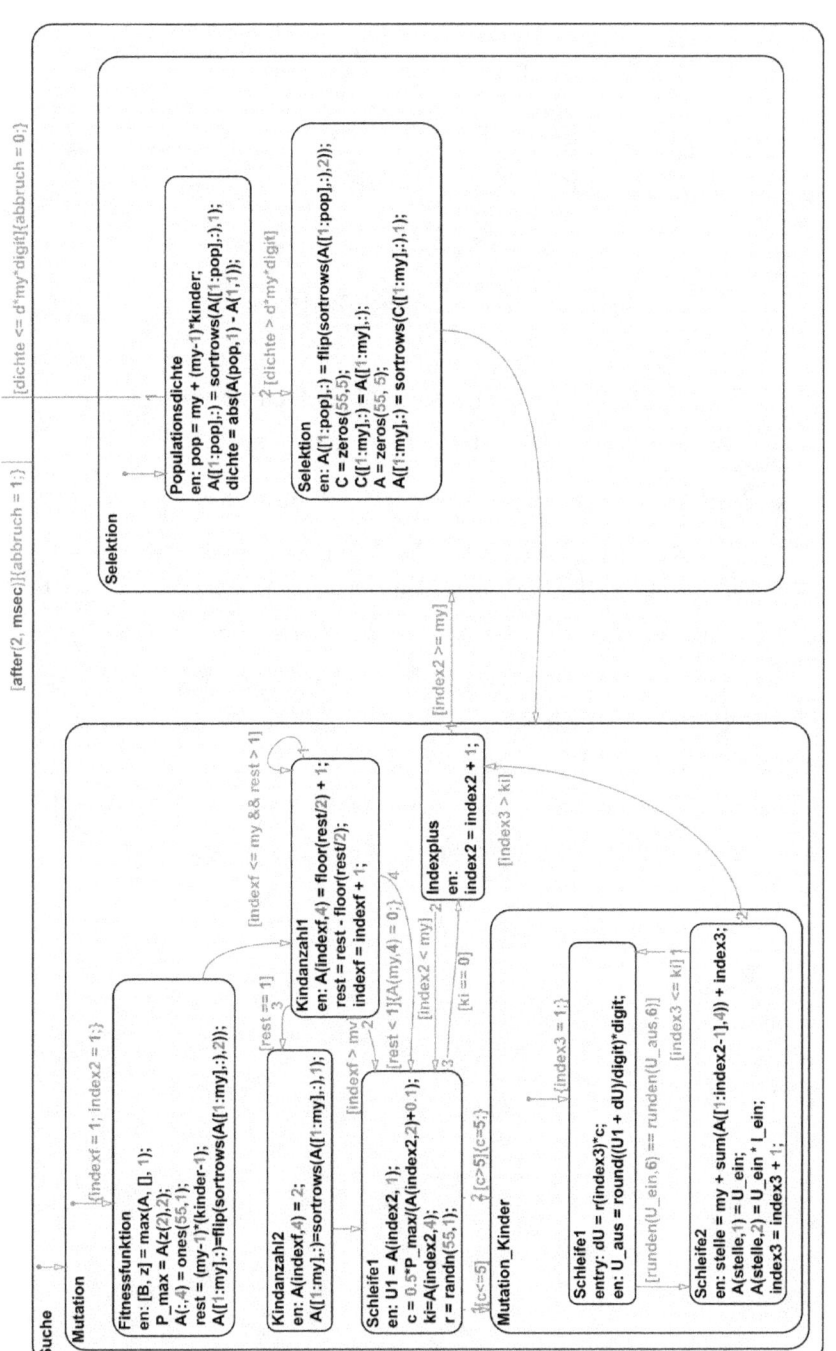

Abb. 3.21: FWA Zustandsdiagramm des Suchalgorithmus

Kapitel 3 Evolutionäre Algorithmen und kollektive Intelligenz

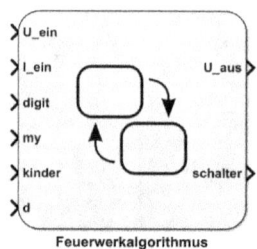

Abb. 3.22: FWA Funktionsblock

d_{ges} der Population für das normale Abbruchkriteriums, vgl. Formel 3.14. Für die Versuche wird $d = 10$ gesetzt.

In dem Superstate *Mutation* werden die Kindindividuen gemäß der obigen Beschreibung gebildet und der Populationsmatrix **A** hinzugefügt, s. Abb. 3.21. In dem Superstate *Selektion* wird erst die Populationsdichte zur Überprüfung des Abbruchkriteriums abgefragt. Trifft das Abbruchkriterium nicht zu, werden die μ Individuen mit der höchsten Leistung aus der Gesamtpopulation ermittelt und als Elternindividuen in der Populationsmatrix **A** für den nächsten Iterationsschritt gespeichert, der dann mit Aktivierung des Superstates *Mutation* beginnt.

KAPITEL 4

Versuchsverfahren

Die MPPT-Algorithmen werden in Anlehnung an die Norm EN 50530 „Gesamtwirkungsgrad von Photovoltaik-Wechselrichtern" getestet. Die Norm umfasst statische und dynamische Versuche zur MPPT-Wirkungsgradermittlung. Die Zeiträume in der EN 50530 sind für die hochdynamische Anwendung des Solarfahrzeugs zu lang und daher nicht dazu geeignet, eine aussagekräftige Bewertung vorzunehmen, so dass Anpassungen vorgenommen werden müssen. Weil die Norm nur Prüfungen anhand Solargeneratorenkennlinien mit einem Maximum vorsieht, werden zusätzlich Versuche mit mehreren lokalen Maxima entwickelt um zu testen, ob der MPPT-Algorithmus die Fähigkeit besitzt, das globale Maximum von den lokalen Maxima zu unterscheiden.

4.1 Versuche in Anlehnung an EN 50530

Die Norm EN 50530 „Gesamtwirkungsgrad von Photovoltaik-Wechselrichtern" enthält Versuchsverfahren zur Bestimmung ver-

Kapitel 4 Versuchsverfahren

schiedener MPPT-Wirkungsgrade. Alonso und Chenlo beschreiben die Versuchsverfahren nach EN 50530 in ihrem Konferenzbeitrag [Alo14]. Teilweise werden die Versuche für die potenziell hochdynamische Anwendung der Solarfahrzeuge angepasst.

4.1.1 Statischer MPPT-Wirkungsgrad

Ein MPPT regelt über eine definierte Messperiode T_M bei einer statischen Solargeneratorkennlinie die Leistung P und wird zum realen Leistungsmaximum P_{mpp} unter Berücksichtigung der Messperiode ins Verhältnis gesetzt:

$$\eta_{MPPTstat} = \frac{\int^{T_M} P \, dt}{P_{mpp} \cdot T_M} \quad (4.1)$$

Der *Europäischen Wirkungsgrad* $\eta_{MPPTstat,EUR}$ und der *Kalifornischen Wirkungsgrad* $\eta_{MPPTstat,CEC}$ berücksichtigen durch die Ermittlung statischer Wirkungsgrade unter verschiedenen Bedingungen und deren Gewichtungen lokale Umweltverhältnisse.

$$\begin{aligned}\eta_{MPPTstat,EUR} =\ & 0,03 \cdot \eta_{MPPTstat,5\%} + 0,06 \cdot \eta_{MPPTstat,10\%} \\ +\ & 0,13 \cdot \eta_{MPPTstat,20\%} + 0,1 \cdot \eta_{MPPTstat,30\%} \\ +\ & 0,48 \cdot \eta_{MPPTstat,50\%} + 0,2 \cdot \eta_{MPPTstat,100\%}\end{aligned}$$
$$(4.2)$$

$$\begin{aligned}\eta_{MPPTstat,CEC} =\ & 0,04 \cdot \eta_{MPPTstat,5\%} + 0,05 \cdot \eta_{MPPTstat,10\%} \\ +\ & 0,12 \cdot \eta_{MPPTstat,20\%} + 0,21 \cdot \eta_{MPPTstat,30\%} \\ +\ & 0,53 \cdot \eta_{MPPTstat,50\%} + 0,05 \cdot \eta_{MPPTstat,100\%}\end{aligned}$$
$$(4.3)$$

Alonso und Chenlo schreiben

4.1 Versuche in Anlehnung an EN 50530

„Static MPPT efficiencies, European, $\eta_{MPPTstat,EUR}$, and Californian, $\eta_{MPPTstat,CEC}$, can be calculated in a similar way that was defined [...] for the power conversion efficiency." [Alo14]

Bei dem Wechselrichter-Wirkungsgrad werden Wechselstrom- und Gleichstromleistung ins Verhältnis gesetzt. Die Prozentangaben beziehen sich dabei auf Prozent der Gleichstromnennleistung. In den folgenden Versuchen beziehen sich die Prozentangaben auf die Einstrahlung, also

$$p\,\% = \frac{G}{G_{STC}} \qquad (4.4)$$

wie es auch in den nachfolgenden Versuchen zur Ermittlung des dynamischen Wirkungsgrads von der EN 50530 vorgegeben ist, s. Abschnitt 4.1.2.

Es werden also je MPPT-Algorithmus sechs statische Versuche in Anlehnung an EN 50530 durchgeführt: $\eta_{MPPTstat}$ bei

- $5\,\% \frac{G}{G_{STC}}$;
- $10\,\% \frac{G}{G_{STC}}$;
- $20\,\% \frac{G}{G_{STC}}$;
- $30\,\% \frac{G}{G_{STC}}$;
- $50\,\% \frac{G}{G_{STC}}$; und
- $100\,\% \frac{G}{G_{STC}}$;

mit anschließender Berechnung des *Europäischen* und *Kalifornischen Wirkungsgrads* gemäß den Formeln 4.2 und 4.3.

Kapitel 4 Versuchsverfahren

> **Größenordnung der MPP-Ermittlungsdauer**
>
> Bei einem trivialen MPPT-Verfahren, z. B. der zyklischen Kennlinienabtastung, wird der MPP bei einer Auflösung von 4096 digits, einer Abtastrate von $\Delta t_{tast} = 10^{-6}\,s$ und einer Abtastgeschwindigkeit von $1\,\frac{digit}{\Delta t_{tast}}$ nach einer ungefähren Dauer von
>
> $$\begin{aligned} \frac{4096\,digit}{\tau_{MPP}} &= 1\,\frac{digit}{\Delta t_{tast}} \\ \Leftrightarrow \quad \tau_{MPP} &= 4096\,digit \cdot 10^{-6}\,\frac{s}{digit} \quad (4.5) \\ \Rightarrow \quad \tau_{MPP} &\approx 4\,ms \end{aligned}$$
>
> gefunden.

Die Messperiode wird für die statischen Versuche auf $T_M = 200\,ms$ festgelegt. Denn die Dauer der Ermittlung des MPP liegt abhängig von dem Algorithmus und der definierten Schrittweite (bzw. Ziffernschritt) in der Größenordnung von $\tau_{MPP} \approx 4\,ms$, so dass sie noch mit in das Ergebnis des statischen Wirkungsgrads mit einfließen kann. Jedoch ist der Einfluss von τ_{MPP} nicht signifikant. Die Ermittlungsdauer des MPP kann aber in der Auswertung bei nahe liegenden Ergebnissen ausschlaggebend werden. Die Geschwindigkeit und die Dynamik der MPPT-Algorithmen werden hauptsächlich in den folgenden dynamischen Versuchen untersucht.

4.1.2 Dynamischer MPPT-Wirkungsgrad

Die Berechnung des dynamischen MPPT-Wirkungsgrads ist vergleichbar mit der des statischen MPPT-Wirkungsgrad mit dem

4.1 Versuche in Anlehnung an EN 50530

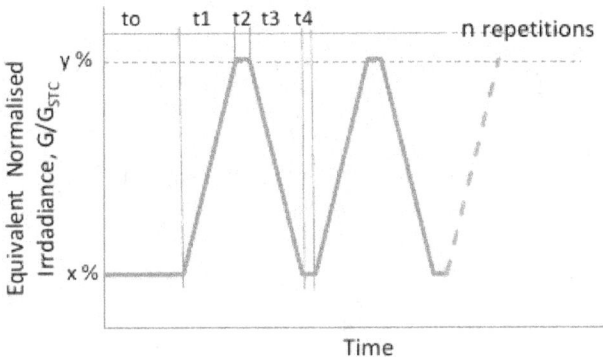

Abb. 4.1: Trapezsignal zur Ermittluung des dynamischen MPPT-Wirkungsgrad [Alo14]

Unterschied, dass der Nenner analog zu $P_{mpp} \cdot T_M$ kein statischer Wert ist, sondern mithilfe eines Integrals ermittelt wird:

$$\eta_{MPPTdyn} = \frac{\int^{T_M} P\, dt}{\int^{T_M} P_{mpp}\, dt} \qquad (4.6)$$

Die EN 50530 sieht ein periodisch wiederkehrendes Trapezsignal zwischen zwei Einstrahlungen vor, die gemäß der Formel 4.4 angegeben sind, s. Abb. 4.1. Nach der einmaligen Wartezeit $t_0 = 300\,s$ folgen steigende Flanke t_1, Maximalwert t_2, fallende Flanke t_3 und Minimalwert t_4 mit n Wiederholungen.

Drei Versuche mit unterschiedlichen minimalen und maximalen Einstrahlungen und mehreren Versuchssequenzen, in denen die Dauer der Flanken variiert werden, sind in der EN 50530 vorgesehen. Der erste Versuch arbeitet mit Einstrahlungen von 1 % bis 10 % $\frac{G}{G_{STC}}$ (s. Tab. 4.1), der zweite mit Einstrahlungen von 10 % bis 50 % $\frac{G}{G_{STC}}$ (s. Tab. 4.2) und der dritte mit Einstrahlungen von 30 % bis 100 % $\frac{G}{G_{STC}}$ (s. Tab. 4.3).

Kapitel 4 Versuchsverfahren

n	Steigung [W/m²/s]	t_1[s]	t_2[s]	t_3[s]	t_4[s]
1	0,1	980	30	980	30

Tabelle 4.1: Dynamischer MPPT-Versuch 1 % → 10 % $\frac{G}{G_{STC}}$

n	Steigung [W/m²/s]	t_1[s]	t_2[s]	t_3[s]	t_4[s]
2	0,5	800	10	800	10
2	1	400	10	400	10
3	2	200	10	200	10
4	3	133	10	133	10
6	5	80	10	80	10
8	7	57	10	57	10
10	10	40	10	40	10
10	14	29	10	29	10
10	20	20	10	20	10
10	30	13	10	13	10
10	50	8	10	8	10

Tabelle 4.2: Dynamischer MPPT-Versuch 10 % → 50 % $\frac{G}{G_{STC}}$

n	Steigung [W/m²/s]	t_1[s]	t_2[s]	t_3[s]	t_4[s]
10	10	70	10	70	10
10	14	50	10	50	10
10	20	35	10	35	10
10	30	23	10	23	10
10	50	14	10	14	10
10	100	7	10	7	10

Tabelle 4.3: Dynamischer MPPT-Versuch 30 % → 100 % $\frac{G}{G_{STC}}$

4.1 Versuche in Anlehnung an EN 50530

Hypothese #1

In der Realität ist die Fahrt mit einem Solarfahrzeug durch eine Allee der hypothetische *worst case* einer MPPT-Regelung. Angenommen, die Allee ist eine Landstraße, auf der man 100 km/h fährt. Der Baumabstand beträgt 10 m und der Abstand zwischen den Ästen (idealisiert) 1 m. Führen die Bäume lichtes Blattwerk, so beträgt der Wechsel zwischen Sonnenlicht und Schatten wenige Zentimeter.

Exemplarische Beispielrechnung für den Zeitabstand zwischen den Bäumen:

$$v = \frac{\Delta s}{\Delta t}$$
$$\Leftrightarrow \quad \Delta t = \frac{\Delta s}{v} = \frac{10}{100} \frac{m \cdot h}{km} = 0,1 \cdot \frac{3600}{1000}\, s = 360\, ms$$

Zeitabstände in denen Lichtwechsel stattfinden:

- von Baum zu Baum: $\Delta t = 360\, ms$;
- von Ast zu Ast: $\Delta t = 36\, ms$;
- mit Blattwerk: $\Delta t < 36\, ms$, teilweise $\Delta t \lll 36\, ms$.

Kapitel 4 Versuchsverfahren

Versuchsanpassung

Die Zeitvorgaben der dynamischen Versuche sind für die hochdynamische Anwendung eines Solarfahrzeugs mit einem MPPT, der im Megahertzbereich operiert, zu hoch, um aussagekräftige Auswertungen vornehmen zu können. Die EN 50530 ist schließlich für Wechselrichter und deshalb – wenigstens überwiegend – für stationäre Solargeneratoren ausgelegt. Daher müssen die Versuche für Solarfahrzeuge angepasst werden.

Die Berechnungen in der Hypothese #1 (s. S. 105) zeigen, dass für die Anwendung eines Solarfahrzeugs dynamische Versuche im Millisekundenbereich anstatt im Sekundenbereich angemessen sind. Für die folgenden Versuche werden die numerischen Zeitwerte der EN 50530 zwar beibehalten, aber in den Millisekundenbereich transferiert, d. h. alle Zeiten t führen die Einheit [ms] statt [s].

Des Weiteren wird aus simulationstechnischen Gründen die Wartezeit auf $t_0 = 10\,ms$ gekürzt und generell nur eine Wiederholung $n = 1$ durchgeführt. Der dynamischer MPPT-Versuch $10\,\% \rightarrow 50\,\% \frac{G}{G_{STC}}$ fängt erst bei mit der Flanke $t_1 = 57\,ms$ an. Die vorherigen Perioden werden ausgelassen. Der dynamischer MPPT-Versuch $1\,\% \rightarrow 10\,\% \frac{G}{G_{STC}}$ wird auf $t_1 = t_3 = 250\,ms$ und $t_2 = t_4 = 10\,ms$ geändert. Die Versuchssequenzen eines Versuchs werden nicht einzeln sondern ohne erneute Wartezeit hintereinander ausgeführt. Es werden also je MPPT-Algorithmus drei dynamische Versuche in Anlehnung an die EN 50530 durchgeführt: $\eta_{MPPTdyn}$ bei

- $1\,\% \rightarrow 10\,\% \frac{G}{G_{STC}}$ mit einer Wartezeit, einer Sequenz und der Simulationszeit von $T_M = 530\,ms$;

- $10\,\% \rightarrow 50\,\% \frac{G}{G_{STC}}$ mit einer Wartezeit, sechs Sequenzen

4.2 Versuche mit mehreren lokalen Maxima

(ab $t_1 = 57\,ms$), und der Simulationszeit von $T_M = 464\,ms$; und

- 30 % → 100 % $\frac{G}{G_{STC}}$ mit einer Wartezeit, sechs Sequenzen, und der Simulationszeit von $T_M = 528\,ms$.

Untersuchung des maximalen Leistungspunkts in Abhängigkeit der Einstrahlung

Zur Berechnung des dynamischen MPPT-Wirkungsgrads muss der maximalen Leistungspunkt in Abhängigkeit der Einstrahlung $P_{mpp}(G)$ bekannt sein, damit das Nenner-Integral $\int^{T_M} P_{mpp}\,dt$ der Formel 4.6 gelöst werden kann.

Dazu wurde die Messreihe in Tab. 4.4 aufgenommen und im Graph der Abb. 4.2 abgebildet. Die eingezeichnete resultierende Gerade (hellgrau)

$$P_{mpp}(G) = 0,67717 \cdot G - 4,6426 \qquad (4.7)$$

zeigt, dass die aufgenommene Kurve (dunkelgrau) fast linear ist. Die Abweichung ist so gering, dass eine Linearisierung der Kennlinie technisch vertretbar ist. Noch genauer als die oben errechnete resultierende Gerade ist ein *Simulink Lookup Table*, in dem die Tab. 4.4 hinterlegt ist und abschnittsweise linear interpoliert wird.

4.2 Versuche mit mehreren lokalen Maxima

Die Verwendung von Bypass-Dioden hat einerseits den Vorteil, dass sie ohne weitere Anforderungen – wie der Festlegung eines Schaltgrenzwerts bei einer Schaltmatrix – universell eingesetzt

Kapitel 4 Versuchsverfahren

$p\,\%$	$G\,[W/m^2]$	$P_{mpp}\,[W]$
0,1	1	$6,4 \cdot 10^{-12}$
0,5	5	2,58447
1	10	5,37151
2,5	25	14,0995
5	50	29,21657
7,5	75	44,7167
10	100	60,4679
20	200	125,0147
30	300	191,1050
40	400	258,1985
50	500	326,0381
60	600	394,4727
70	700	463,4022
80	800	532,7555
90	900	602,4792
100	1000	672,5319

Tabelle 4.4: P_{mpp} in Abhängigkeit der Einstrahlung G

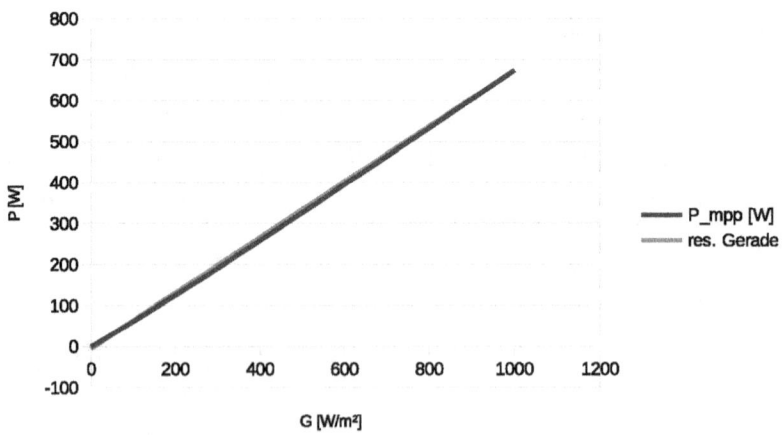

Abb. 4.2: P_{mpp} in Abhängigkeit der Einstrahlung G

4.2 Versuche mit mehreren lokalen Maxima

werden können und bei Teilverschattung einen potenziell hohen MPP liefern. Andererseits haben sie den Nachteil, dass bei Teilverschattung eine Solargeneratorkennlinie mit mehreren lokalen Maxima entsteht, wodurch die MPPT-Regelung erschwert wird, s. Abschnitt 1.2.2. Dieser Fall erfordert weitere Untersuchungen, die in den folgenden Abschnitten vorbereitet werden.

4.2.1 Statische Teilverschattung

Um zu erkennen, ob die MPPT-Algorithmen die Fähigkeit besitzen, das globale Maximum von den lokalen Maxima zu unterscheiden, wird der statische Teilverschattungsversuch durchgeführt. Dazu werden fünf unterschiedliche Solargeneratorkennlinien mit je fünf lokalen Maxima erstellt, s. in Tab. 4.5 die Parameter und in Abb. 4.3 die Darstellung der fünf Kurven.

Die statischen MPPT-Wirkungsgrade der MPPT-Algorithmen in der Umgebung der Kurven i mit lokalen Maxima berechnet sich gemäß

$$\eta_i = \frac{\int^{T_M} P_i \, dt}{P_{mpp,i} \cdot T_M} \qquad (4.8)$$

Das arithmetische Mittel der fünf ermittelten Wirkungsgrade η_i bilden den statischen Gesamtwirkungsgrad für Kennlinien mit lokalen Maxima:

$$\eta_{MPPTstat,mlM} = \frac{1}{5} \cdot \sum_{i=0}^{4} \eta_i \qquad (4.9)$$

Wie bei dem statischen Versuch in Anlehnung an die EN 50530 wir die Messperiode auf $T_M = 200\,ms$ festgelegt, s. Abschnitt 4.1.1.

Kapitel 4 Versuchsverfahren

Kurve	0	1	2	3	4
Modul 1	1000	1000	1000	1000	1000
Modul 2	900	900	900	900	300
Modul 3	800	800	800	450	250
Modul 4	700	700	400	300	200
Modul 5	600	100	100	100	100

(a) Einstrahlungen $G\ \left[\frac{W}{m^2}\right]$ auf die fünf Solarmodule zur Erzeugung der fünf Kurven

Kurve	$P_{mpp}\ [W]$
0	434,6814
1	397,8883
2	332,1294
3	237,2543
4	114,2510

(b) MPPs der fünf Kurven

Tabelle 4.5: Parameter der fünf Kurven der statischen Teilverschattung

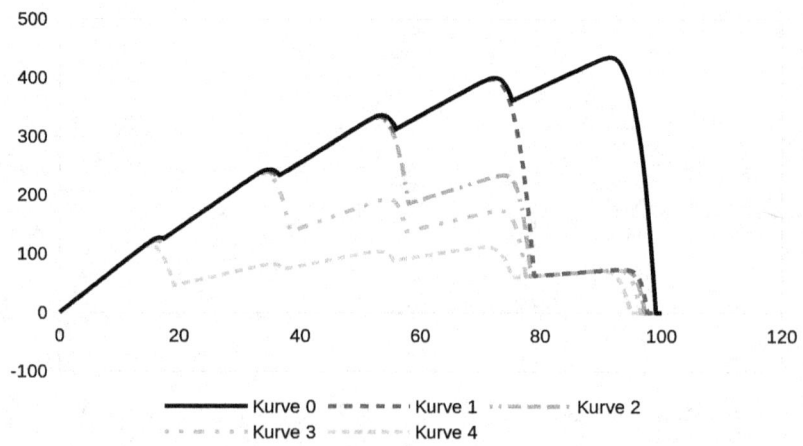

Abb. 4.3: Die fünf Kurven der statischen Teilverschattung

4.2 Versuche mit mehreren lokalen Maxima

Hypothese #2

Wenn die Solarmodule Bypass-Dioden besitzen, ist die Fahrt mit einem Solarfahrzeug durch eine Allee in zweifacher Hinsicht der hypothetische *worst case* einer MPPT-Regelung. Gleiches Szenario wie in der Hypothese #1 und angenommen, die Länge des Solargenerators beträgt 3 m mit fünf gleich großen, längs der Fahrtrichtung seriell geschalteten Solarmodulen, also mit der Länge eines Solarmoduls $l = 0,6\,m$. Die Baumstämme werfen ihre 1 m breiten Schatten exakt quer zur Fahrtrichtung (analog für 0,2 m breite Astschatten). Die Diffusstrahlung beträgt 100 W/m² und ist damit der Minimalwert der Globalstrahlung bei der Verschattung während des Tageslichts.

Kapitel 4 Versuchsverfahren

4.2.2 Periodische Teilverschattung

Die fünf Solarmodule des Solargenerators werden mit unterschiedlichen, periodisch wechselnden Einstrahlungen beaufschlagt, um eine dynamische Teilverschattung zu simulieren und eine Generatorkennlinie mit mehreren, wechselnden lokalen Maxima zu erzeugen. Anhand dieser Kennlinie wird die Qualität der MPPT-Algorithmen geprüft, auch unter dynamischen Bedingungen die lokalen Maxima von dem globalen Maximum zu unterscheiden und entsprechend auszuregeln.

In Annahme der Hypothesen #1 und #2 (s. S. 105 und 111) werden drei zeitabhängige Signalverläufe mit je fünf phasenverschobenen, modulbezogenen Kurven erstellt, die folgende Betrachtungen abbilden: Allee mit Baumstämmen, idealisierten Ästen und lichtem Blattwerk.

Allee mit Baumstämmen

Die Bäume haben den Abstand $\Delta s = 10\,m$ und die Schattenbreite $b = 1\,m$, s. Abb. 4.4.

Die Kurve ist trapezförmig, weil die Geschwindigkeit v konstant und der Baumschatten breiter als ein Solarmodul ist, also das Solarmodul für die Dauer t_2 vollständig im Sinne der Direktstrahlung verschattet ist, die Einstrahlung entspricht bei Verschattung der Diffusstrahlung $D = G_{verschattet} = 100\,\frac{W}{m^2}$. Ausgegangen von $G_{unverschattet} = G_{max} = 1000\,\frac{W}{m^2}$ ist t_1 die abfallende Flanke, t_3 die ansteigende Flanke und t_4 die Zeit, in der sich das Solarmodul unverschattet zwischen den Baumschatten bewegt. Vorab wird wie bei den dynamischen Versuchen in Anlehnung an die EN 50530 eine einmalige Wartezeit von $t_0 = 10\,ms$ gesetzt.

4.2 Versuche mit mehreren lokalen Maxima

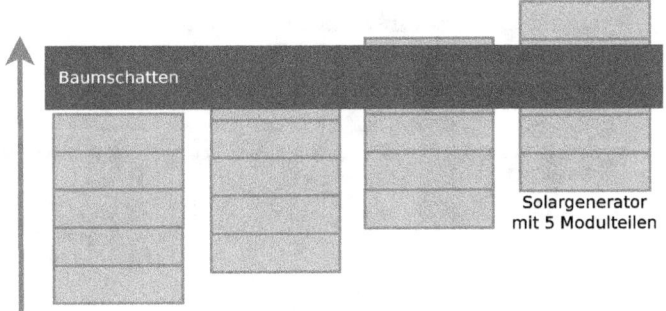

Abb. 4.4: Periodische Teilverschattung in einer Allee mit Baumstämmen

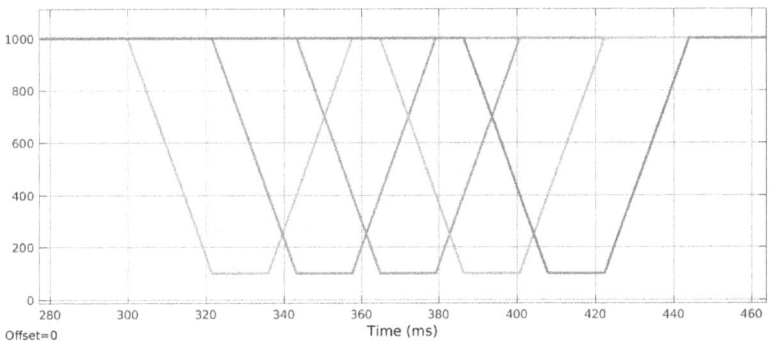

Abb. 4.5: Signalverlauf für den Fall *Allee mit Baumstämmen*

Ein Solarmodul wird ver- und entschattet in $t_1 = t_3 = \frac{l}{v} = \frac{0{,}6}{100}\frac{m \cdot h}{km} = 21{,}6\,ms$. Der Schatten auf einem Solarmodul verweilt entsprechend der Differenz zwischen Schattenbreite und Modullänge $b - l = 0{,}4\,m \Rightarrow t_2 = \frac{0{,}4}{100}\frac{m \cdot h}{km} = 14{,}4\,ms$. Bis zum nächsten Baum dauert es $t_4 = 360\,ms - t_1 - t_2 - t_3 = 302{,}4\,ms$, vgl. Hypothese #1 auf S. 105. Die Kurven sind entsprechend einer Modullänge um $\Delta t = 21{,}6\,ms$ sukzessiv verschoben, s. Abb. 4.5. Die Simulationszeit wird auf $T_M = 400\,ms$ festgelegt.

Kapitel 4 Versuchsverfahren

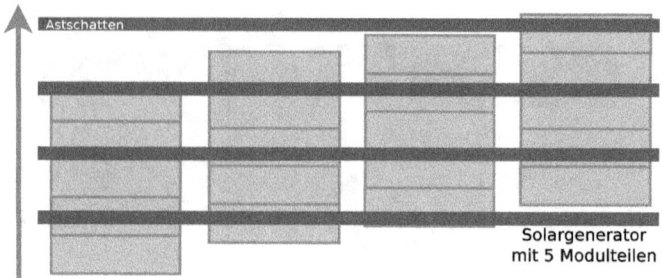

Abb. 4.6: Periodische Teilverschattung in einer Allee mit idealisierten Ästen

Allee mit idealisierten Ästen

Die Äste haben den Abstand $\Delta s = 1\,m$ und die Schattenbreite $b = 0,2\,m$, s. Abb. 4.6.

Die Kurve ist trapezförmig, weil die Geschwindigkeit v konstant und das Solarmodul breiter als der Astschatten ist. Also verweilt der Astschatten zwar für die Dauer t_2 auf einem Modul, verschattet es aber nur um ein Drittel der Direktstrahlung I, also

$$G_{verschattet} = D + \frac{2}{3}I = 100\,\frac{W}{m^2} + \frac{2}{3}\cdot 900\,\frac{W}{m^2} = 700\,\frac{W}{m^2}.$$

Ausgegangen von $G_{unverschattet} = G_{max} = 1000\,\frac{W}{m^2}$ ist t_1 die abfallende Flanke, t_3 die ansteigende Flanke und t_4 die Zeit, in der sich das Solarmodul unverschattet zwischen den Astschatten bewegt. Vorab wird auch bei diesem Versuch eine einmalige Wartezeit von $t_0 = 10\,ms$ gesetzt.

Die fallende und steigende Flanke betragen $t_1 = t_3 = \frac{b}{v} = \frac{0,2}{100}\frac{m\cdot h}{km} = 7,2\,ms$, die Verweilzeit des vollständigen Astschattens auf einem Solarmodul $t_2 = \frac{l-b}{v} = 14,4\,ms$ und die unverschattete Dauer $t_4 = 36\,ms - t_1 - t_2 - t_3 = 7,2\,ms$, vgl. Hypothese #1 auf S. 105. Die Kurven sind entsprechend einer Modullänge um

4.2 Versuche mit mehreren lokalen Maxima

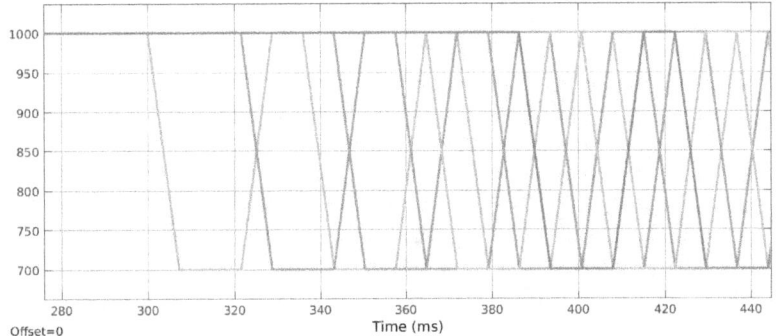

Abb. 4.7: Signalverlauf für den Fall *Allee mit idealisierten Ästen*

$\Delta t = 21,6\,ms$ sukzessiv verschoben, s. Abb. 4.7. Die Simulationszeit wird auf $T_M = 400\,ms$ festgelegt.

Allee mit lichtem Blattwerk

In der Realität kann man bei lichtem Blattwerk keinen periodischen Verlauf feststellen – es scheint ein annähernd chaotisches System zu sein. Eigentlich wären randomisierte Einstrahlungen zur Abbildung des Blattwerks genau die richtige Funktion, jedoch nicht reproduzierbar und daher zu Vergleichszwecken ungeeignet. Um sich der Chaotik anzunähern, wurde zwar ein periodisch wiederkehrendes, phasenverschobenes Trapezsignal gebildet, jedoch mit vier statt zwei Einstrahlungen: $G_0 = 100\,\frac{W}{m^2}$, $G_1 = 300\,\frac{W}{m^2}$, $G_2 = 450\,\frac{W}{m^2}$ und $G_3 = 600\,\frac{W}{m^2}$, s. Abb. 4.8. Anders als bei den beiden anderen *Allee-Signalen* ist hier die Minimal- anstatt der Maximaleinstrahlung der Ausgangspunkt.

Alle Zeiten mit Ausnahme der Wartezeit von $t_0 = 10\,ms$ wurden auf $t_x = 4\,ms$ mit $x \in \{1, 2, 3, 4\}$ gesetzt. Einerseits entsprechen 4 ms bei 100 km/h ein Abstand von ca. 11 cm, welcher durchaus in der Größenordnung eines Blattes bzw. Blattschat-

Kapitel 4 Versuchsverfahren

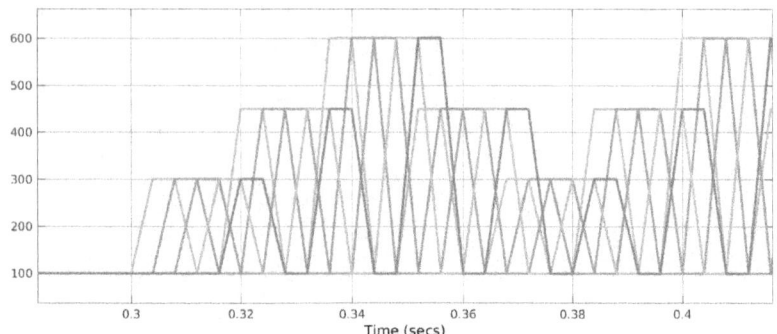

Abb. 4.8: Signalverlauf für den Fall *Allee mit lichtem Blattwerk*

tens ist. Andererseits benötigt ein trivialer MPPT-Algorithmus, wie die zyklische Kennlinienabtastung, $\tau_{MPP} \approx 4\,ms$, um den MPP zu finden. Um ein gutes Ergebnis zu erzielen, ist es also unbedingt notwendig, dass der Algorithmus schneller als ein trivialer MPPT-Algorithmus arbeitet und das Leistungsmaximum findet. Die Simulationszeit wird auf $T_M = 400\,ms$ festgelegt.

Auswertungsgrundlage der Versuche zur periodischen Teilverschattung

Die Versuche zur periodischen Teilverschattung sind vergleichende Tests. Um eine Relation ähnlich einem Wirkungsgrad zu erstellen, wird das Leistungsintegral über die Zeit gebildet

$$E = \int^{T_M} P\,dt \qquad (4.10)$$

und die höchste erreichte Energie E_{max} auf $r = 100\,\%$ gesetzt, und die Energien $E_{\{alg\}}$ der anderen MPPT-Algorithmen dazu

4.2 Versuche mit mehreren lokalen Maxima

in Relation gesetzt. Also gilt generell:

$$r = \frac{E_{\{alg\}}}{E_{max}} \qquad (4.11)$$

Aus den drei Versuchen *Allee mit Baumstämmen*, *Allee mit idealisierten Ästen* und *Allee mit lichtem Blattwerk* gehen drei Relationen hervor: r_{Baum}, r_{Ast} und r_{Blatt}, die zu einer Gesamtrelation durch den arithmetischen Durchschnitt zusammengefasst werden:

$$r_{MPPTallee} = \frac{1}{3} \cdot (r_{Baum} + r_{Ast} + r_{Blatt}) \qquad (4.12)$$

4.2.3 Sprunghafter Kennlinienwechsel

Dieser Versuch ist zwar weniger realistisch, aber für einen vollständigen MPPT-Test sinnvoll um zu erkennen, ob der Algorithmus auch bei einem unstetigen Übergang zwischen lokalen Maxima und dem globalen Maximum unterscheiden kann. Denn bei einem sprunghaften Kennlinienwechsel werden zwischen der aktuellen Position des Stellglieds und dem MPP auf der P-U-Kennlinie abrupt teilweise mehrere lokale Maxima erzeugt. Dazu werden die fünf Kurven aus Abschnitt 4.2.1 *Statische Teilverschattung* verwendet, s. Abb. 4.3.

Durch ein Trapezsignal wie bei den vorherigen Versuchen vollzieht sich der Kennlinienwechsel stetig in einer gewissen Zeit. Jedoch bei einem Sprung[1] findet der Kennlinienwechsel ohne stetigen Verlauf sondern von einem Zeitpunkt zum nächsten statt, z. B. bei dem Wechsel von Kurve 0 nach Kurve 1, springt die Leistung vom MPP bei 435 W auf ca. 80 W, s. Abb. 4.3.

---

[1] analog zur Sprungfunktion oder *Heaviside*-Funktion

Kapitel 4 Versuchsverfahren

Die Kurve 0 ist die Grundkurve, die die Ausgangs- und Zielkurve bei jedem Kennlinienwechsel bildet. Die Kurvensequenz wird festgelegt auf:

$$0 - 1 - 0 - 2 - 0 - 3 - 0 - 4 - 0,$$

damit die MPPT-Algorithmen sowohl in auf- als auch absteigender Spannungsrichtung den MPP suchen müssen. Dabei ist jede Kurve für die Dauer t_n aktiv, bis zur nächsten Kurve gewechselt wird. Die Sequenz wird viermal durchlaufen, wobei sich die Dauer bei jedem Durchlauf n verringert: $t_1 = 30\,ms$, $t_2 = 10\,ms$, $t_3 = 3\,ms$ und $t_4 = 1\,ms$. Ohne zwei aufeinander folgenden Kurven 0 beträgt die Simulationszeit $T_M = 353\,ms$.

Die MPPs der fünf Kurven sind bekannt (s. Tab. 4.5b), so dass sich durch Integration gemäß Formel 4.6 der Wirkungsgrad $\eta_{MPPTdyn,spr}$ berechnen lässt.

4.3 Auswertungssystem der Versuche

Die Wirkungsgrade der Versuche in Anlehnung an die EN 50530 und ohne (mehrere) lokale Maxima werden zusammengefasst, indem die statischen und dynamischen Wirkungsgrade jeweils arithmetisch gemittelt und danach multipliziert werden:

$$\begin{aligned}\eta_{MPPTges,olM} &= \tfrac{1}{4} \cdot (\eta_{MPPTstat,EUR} + \eta_{MPPTstat,CEC}) \\ &+ \tfrac{1}{6} \cdot (\eta_{MPPTdyn,1\% \to 10\%} \\ &+ \eta_{MPPTdyn,10\% \to 50\%} \\ &+ \eta_{MPPTdyn,30\% \to 100\%})\end{aligned}$$

(4.13)

Die Wirkungsgrade bzw. Relationen der Versuche mit mehreren lokalen Maxima werden ebenfalls zusammengefasst. Die Relatio-

4.3 Auswertungssystem der Versuche

nen aus den Versuchen der periodischen Teilverschattungen werden sozusagen als Gewichtung für den Wirkungsgrad des sprunghaften Kennlinienwechsels eingesetzt:

$$\eta_{MPPTges,mlM} = \frac{1}{2} \cdot (\eta_{MPPTstat,mlM} + r_{MPPTalle} \cdot \eta_{MPPTdyn,spr}) \tag{4.14}$$

Der Gesamtwirkungsgrad wird aus

$$\eta_{MPPTges} = \eta_{MPPTges,olM} \cdot \eta_{MPPTges,mlM} \tag{4.15}$$

berechnet.

Ferner erfolgt in Hinblick auf das Optimierungspotenzial eine vergleichende Auswertung der Kurvenverläufe und der Funktionsweise ausgesuchter Algorithmen.

Kapitel 4 Versuchsverfahren

Kapitel 5

Modellbildung mittels MATLAB/ Simulink

Mit einem Modell soll das Verhalten eines physikalischen Systems möglichst realitätsgetreu abgebildet werden. Die Modellbildungssystematik nach Zirn ist in vier Phasen gegliedert, vgl. [Pau05]:

1. Vorgaben sammeln;
2. Wirkzusammenhänge ergründen, um eine qualitatives Modell zu erstellen;
3. mit einem Satz von Gleichungen das quantitative Modell erstellen; und
4. die Gleichungen in Blockschaltbildern und Übertragungsfunktionen aufarbeiten.

Bei der Modellbildung mittels Simulink handelt es sich um eine analytische, funktionsblockorientierte Modellbildung. Vergleicht man die von Simulink erforderliche Modellbildungssystematik mit der Systematik nach Zirn, lassen sich zwei wesentliche Vor-

Kapitel 5 Modellbildung mittels MATLAB/Simulink

teile erkennen: Erstens werden die mathematischen Gleichungen in Funktionsblöcken dargestellt, so dass man sich zwar der Wirkungsweise und der zugrunde liegenden Mathematik bewusst sein muss, jedoch anstatt mit einem Satz von Gleichungen direkt mit Funktionsblöcken das quantitative Modell erstellt. Zweitens ermöglicht Simulink die Simulation des erstellten Modells.

Die hier gezeigten Modelle wurden mit MATLAB Version R2016a, den üblichen Simulink-Bibliotheken und zusätzlich den Erweiterungsbibliotheken *Simscape*, *Simscape Electronics* und *Stateflow* erstellt. Die Abbildungen der Modelle zeigen die Simulink-Darstellungsart. Gleichermaßen werden die Zustandsdiagramme in der Simulink-Stateflow-Struktur abgebildet.

5.1 Rahmenbedingungen

Mit den Rahmenbedingungen werden unter Bezugnahme der aktuellen Technologien und Einflussgrößen die Grenzwerte der Modelle festgelegt.

5.1.1 Einstrahlung

Für die Simulationen wird als maximale Einstrahlung die Globalstrahlung unter der Standardtestbedingung (STC) verwendet:

$G_{max} = G_{STC} = 1000 \frac{W}{m^2}$ senkrecht zur Solarzellenfläche bei 25 °C (und theoretisch mit dem Sonnenspektrum AM 1,5).

5.1 Rahmenbedingungen

5.1.2 Leistung, Strom und Spannung

In dem zuletzt entwickelten Solarfahrzeuge des *SolarCar*-Projekts[1] der Hochschule Bochum wurde der MPPT Drivetek Race V 4.0 eingesetzt, welcher die Werte $P = 800\,W$, $I_{max} = 9\,A$ und $36\,V \leq U_{in} \leq 144\,V$ besitzt [Dri16]. U_{in} bezieht sich auf die Eingangs-/Solargeneratorseite des integrierten DC-DC-Wandlers.

In Anbetracht des real verwendeten MPPTs werden für die Simulationen Solargeneratoren mit $I_{sc} = 8\,A$ und $U_{oc} = 100\,V$ bei G_{max} modelliert.

5.1.3 Takt-, Schalt- und Abtastfrequenzen

Je schneller der MPPT auf Umwelteinflüsse reagiert, desto höher ist dessen potenzieller Wirkungsgrad. Es gibt drei signifikante Größen, die die Geschwindigkeit des MPPTs beeinflussen: die Taktfrequenz des Mikrocontrollers, die Schaltfrequenz des DC-DC-Wandlers und die Abtastfrequenz der Sensoren, insofern sie digital sind. Bei dieser Betrachtung wird von analogen Sensoren ausgegangen, bei denen die Abtastfrequenz irrelevant ist. Die aktuellen, herkömmlichen Mikrocontroller arbeiten mit Taktfrequenzen teilweise weit über 16 MHz. In der 32-bit-Technologie sind Taktfrequenzen ab 48 MHz üblich. Die Schaltfrequenz eines DC-DC-Wandlers für den betrachteten Leistungsbereich ist weitaus geringer. Basiert der DC-DC-Wandler auf Silizium-Halbleiter, arbeitet er im Kiloherzbereich. Eine der neusten Errungenschaften der letzten Jahre sind Halbleiter auf Basis von Galliumnitrid (GaN). Das Fraunhofer-Institut für Solare Energiesysteme ISE ist an der „Entwicklung eines resonanten

---

[1]Die Masterarbeit [Wun16] wurde im Rahmen des *SolarCar*-Projekts der Hochschule Bochum erstellt.

Kapitel 5 Modellbildung mittels MATLAB/Simulink

DC/DC-Wandlers mit GaN-Transistoren, der mit Schaltfrequenzen von deutlich über 1 MHz betrieben wird und eine Nennleistung von 3 kW aufweist" [ISE13], beteiligt.

In den Modellen werden zwei unterschiedliche *Solver* integriert. Der *globale Solver* simuliert eine Taktfrequenz von 16 MHz, um die höhere Taktfrequenz des Mikrocontrollers abzubilden. Das physikalische Simscape-Modell, das unter anderem auch die Eingangsseite des DC-DC-Wandlers durch eine variable Spannungsquelle abbildet, benutzt einen *lokalen Solver* mit der Taktfrequenz von 1 MHz, um einen DC-DC-Wandler mit Galliumnitrid-Technologie zu simulieren. Die Festlegung der Taktfrequenz des globalen Solvers auf 16 MHz entstammt nicht nur einer konservativen Betrachtungsweise, sondern wird auch in Hinblick auf die Simulationsdauer gewählt. Das Verhältnis von 16 zu 1 zwischen globalem und lokalem Solver bedeutet in Bezug auf die Simulation, dass der MPPT-Algorithmus 15 Rechenschritte durchführen kann, bevor im 16. Rechenschritt der Stellbefehl an das Stellglied übergeben und in der Regelstrecke wirksam wird. Unter der Annahme, dass 15 Rechenschritte ausreichen, um einen Stellbefehl zu generieren, ist das gewählte Verhältnis 16 zu 1 zwischen den Taktfrequenzen adäquat.

5.1.4 Auflösung

ARM-basierte 32-bit-Mikrocontroller, die auch im SolarCar-Projekt Verwendung finden, haben üblicherweise 12-bit-Analog-Digital-Wander und 12-bit-Digital-Analog-Wandler [STM14]. Daraus folgt: $12\,bit$ entsprechen $2^{12}\,digit = 4096\,digit^2$. Für den Spannungsbereich von 0 bis 100 V gilt $1\,digit_U = 24,414\,mV$ und für den

---

[2] *digit* im Sinn von Ziffernschritt (kleinste digitale Einheit)

Strombereich von 0 bis 8 A gilt $1\,digit_I = 1,9531\,mA$ mit einer Genauigkeit von fünf signifikanten Stellen.

5.1.5 Kommaverschiebung

Experimentell wurde erkannt, dass das Simscape-Modell auf kleinere Signale als 0,1 V nicht hinreichend reagiert. Das ist problematisch, weil ein $digit_U$ kleiner als 0,1 V ist. Die Simscape-Hilfe ließ keine weiteren Erkenntnisse zu, so dass ein kleiner Kunstgriff vorgenommen wird. Um die Auflösung von 4096 *digits* zu erhalten, wird der Spannungsbereich des Simscape-Modells um den Faktor 10 erweitert. Der modellierte Solargenerator weist also einen Spannungsbereich von 0 bis 1000 Volt auf. Jedoch betrifft das nur die Regelstrecke, weil das eingehende Stellsignal vom Regler U_r um den Faktor 10 erweitert und das ausgehende Signal U_s um 10 gekürzt wird, so dass für die anderen Teile des Simulink-Modells die Leerlaufspannung $U_{oc} = 100\,V$ beträgt, wie in Abschnitt 5.1.2 vorgesehen. Es handelt sich lediglich um eine zweimalige, entgegen gerichtete Kommaverschiebung.

5.2 Basismodell

Das Basismodell ist das Simulink-Modell, mit dem alle Untersuchungen und Versuche an den MPPT-Algorithmen durchgeführt werden. Es ist in drei Abschnitte unterteilt: *Regelstrecke*, *Regler* und *Überwachung*. An der Regelstrecke wird lediglich die *Einstrahlung* als maßgebliche variable Größe für die Versuche verändert, und am Regler wird der MPPT-Algorithmus ausgetauscht. Die Überwachung besteht üblicherweise aus einem *Scope* und einer Speicherung der Messergebnisse, kann aber individuell je nach

Kapitel 5 Modellbildung mittels MATLAB/Simulink

Versuchsanforderung gestaltet werden.

5.2.1 Regelstrecke

Zur Modellbildung der Regelstrecke wurde die Simulink-Zusatzbibliothek *Simscape Electronics* verwendet. Mit Simscape können physikalische Modelle erstellt werden, die jedoch mit den üblichen Simulink-Datenstrukturen nicht kompatibel sind. So kann man in der Abb. 5.1 erkennen, dass der Solargenerator, die Messungen und die einstellbare Spannungsquelle einen geschlossenen Stromkreis bilden. Die Übergabe der Mess- und Stellsignale an oder von Simulink-Datenstrukturen geschehen über Konverter mit der Kennzeichnung $PS \to S$ oder $S \to PS$, wobei S für Simulink-Datenstruktur und PS für das physikalische Signal steht.

Der Solargenerator besteht aus 1000 seriell geschalteten Solarzellen mit der Leerlaufspannung $U_{oc,zelle} = 1\,V$ und dem Kurzschlussstrom $I_{sc,zelle} = 8\,A$, so dass der Solargenerator $U_{oc,real} = 1000\,V$ und $I_{sc} = 8\,A$ aufweist. Der Faktor 10 in der Spannung ist aus simulationstechnischen Gründen notwendig, s. Abs. 5.1.5. Das Stellsignal vom Regler U_r wird um den Faktor 10 erweitert, und das ausgehende Signal U_s wird um 10 gekürzt, so dass für den Regler und die Überwachung die Leerlaufspannung $U_{oc} = 100\,V$ beträgt, wie es in den Rahmenbedingungen festgelegt wurde. Der Solargenerator ist in fünf gleichgroße Module unterteilt, die mit unterschiedlichen Einstrahlungen $G_1 \ldots G_5$ gespeist werden können. Parallel zu den Modulen sind Bypass-Dioden geschaltet. Am positiven Pol des Solargenerators befindet sich eine Strangdiode, um einen negativen Strom zu verhindern.

Der Solargenerator ist in einen virtuellen Stromkreis geschaltet, in dem die Spannung U_s und der Strom I_s der Regelstrecke ge-

5.2 Basismodell

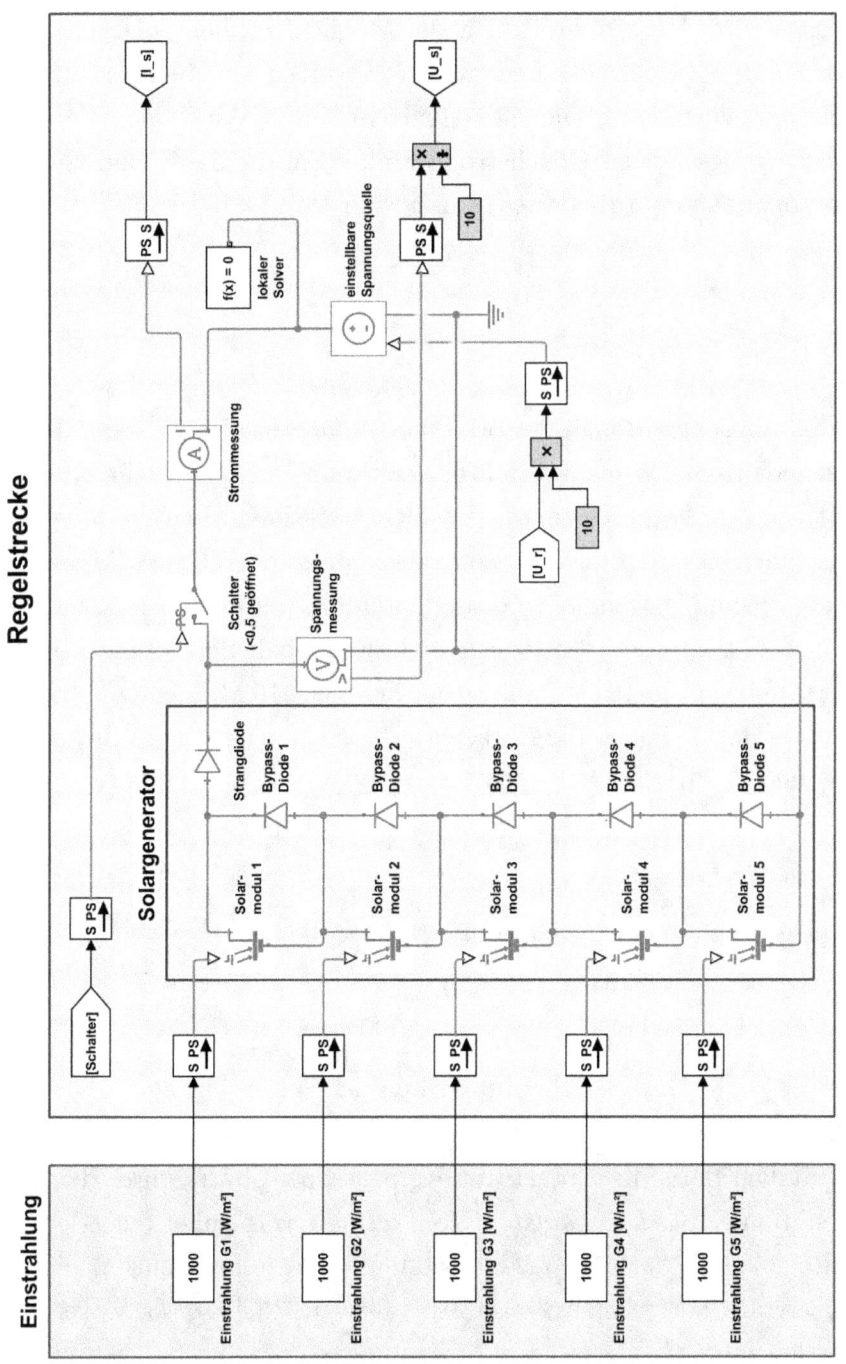

Abb. 5.1: Modell der Regelstrecke

Kapitel 5 Modellbildung mittels MATLAB/ Simulink

messen wird. Der Schalter dient der Möglichkeit, den Solargenerator in den Zustand des Leerlaufs zu versetzen, um die Leerlaufspannung zu messen. Die einstellbare Spannungsquelle simuliert den eingangsseitigen Gleichstromwandler, an die die Stellgröße, die Spannung vom Regler U_r, übergeben wird.

Solver

Jedes Simscape-Modell benötigt einen *lokalen Solver*, der das mathematische Lösungsverfahren bestimmt, z. B. auch die Abtastrate (engl. *sample time*). Um die unterschiedlichen Frequenzen, einerseits die des Mikrocontrollers und andererseits die des Gleichspannungswandlers, zu simulieren (s. Abschnitt 5.1.3), hat in dem hier verwendeten Basismodell der globale Solver eine Abtastrate von $6,25 \cdot 10^{-8}$ s, welche der Frequenz 16 MHz entspricht, aber der lokale Solver die Abtastrate 10^{-6} s, operiert also mit der Frequenz 1 MHz, s. Abb. 5.2.

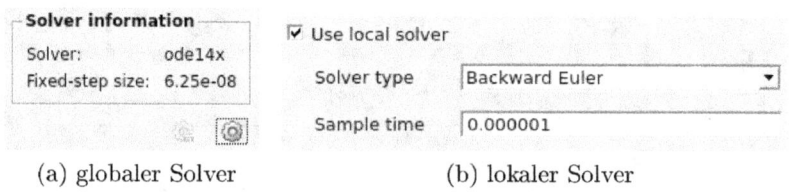

(a) globaler Solver   (b) lokaler Solver

Abb. 5.2: Abtastraten der Solver

Zusätzlich muss die Abtastrate des Stateflow-Charts unter dem Menüpunkt *Block Parameters (Subsystem)* von „inherited (-1)" auf $6,25 \cdot 10^{-8}$ $[s] \,\hat{=}\, 16\,MHz$ gesetzt werden, weil ansonsten die Abtastrate der Eingangsvariablen, also 10^{-6} $[s] \,\hat{=}\, 1\,MHz$, verwendet wird.

5.2 Basismodell

Einstrahlung

Die Einstrahlung ist die variable Größe, mithilfe derer die Kennlinie des Solargenerators verändert wird, um das Verhalten und die Effizienz der MPPT-Algorithmen zu untersuchen. In dem Kapitel 4 *Versuchsverfahren* werden statische und dynamische Vorgaben für die Einstrahlungen $G_1 \ldots G_5$ der fünf Solarmodule des Basismodells genannt.

5.2.2 Regler

Der Kern des Reglers ist der MPPT-Algorithmus, s. Abb. 5.3. Alle für die Untersuchungen relevanten MPPT-Algorithmen werden mithilfe Simulink *Stateflow*, also als Zustandsdiagramme, programmiert. Um einen Mikrocontroller abzubilden, werden sowohl die Eingangssignale mittels eines Quantisierers als auch das Ausgangssignal intern im Zustandsdiagramm gemäß der Auflösung in den Rahmenbedingungen (s. Abschnitt 5.1.4) digitalisiert.

Die einzelnen MPPT-Algorithmen mit den erforderlichen Ein- und Ausgängen und die Zustandsdiagramme der Algorithmen werden in den folgenden Kapiteln zu den Algorithmen vorgestellt und erläutert.

Algebraische Schleife

Teilweise gab Simulink den Fehler einer nicht lösbaren algebraischen Schleife aus. Der Fehler konnte eliminiert werden, indem das Speicherglied *Memory* mit der internen Konstante 0 als Anfangswert am Eingang eingefügt wurde. Die Konstante 0 verhindert einen Simulationsabbruch am Anfang, weil der Stateflow-Funktionsblock nun ein definiertes Anfangssignal hat. Ansonsten

Kapitel 5 Modellbildung mittels MATLAB/ Simulink

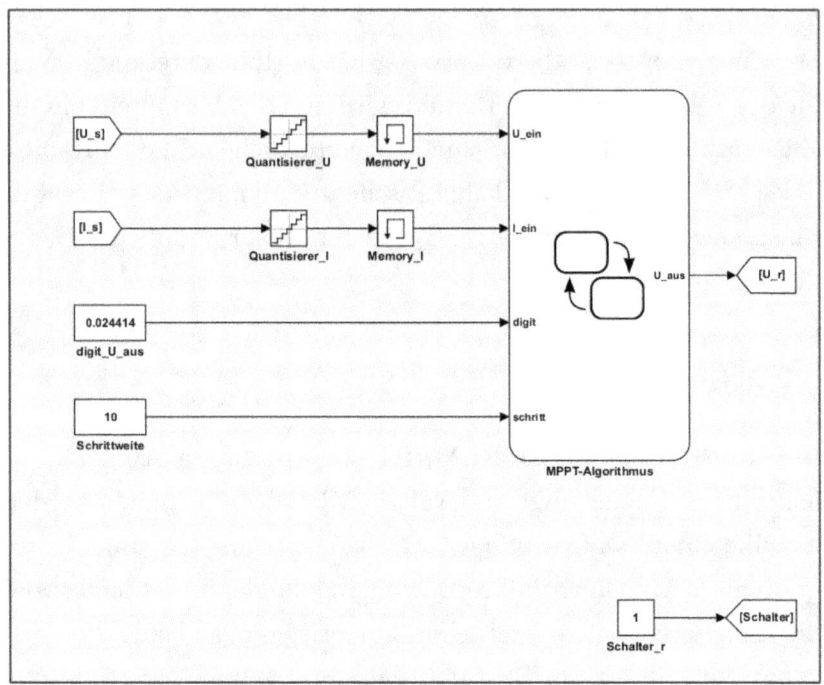

Abb. 5.3: Modell des Reglers

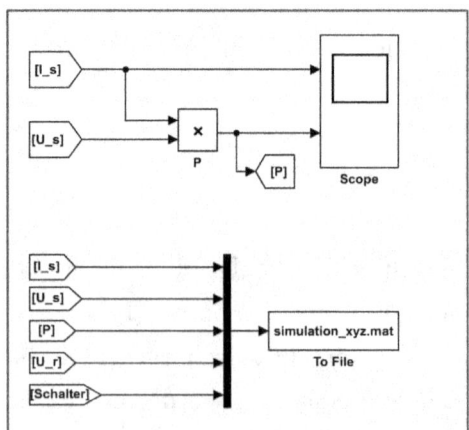

Abb. 5.4: Modell der Überwachung

hängen die Mess- und Stellgrößen, also Eingangs- und Ausgangsgrößen, von sich gegenseitig ab, das eine nicht lösbare algebraische Schleife bildet. Zusätzlich treten ohne ein Speicherglied anscheinend Zustände auf, in denen kein Signal an den Eingang übergeben wird. Das Speicherglied *Memory* stellt das Signal bis zum nächsten Schritt bereit.

5.2.3 Überwachung

Die Überwachung dient der Beobachtung und Dokumentation der Untersuchungen und Versuche. Daher besteht sie üblicherweise aus einem *Scope* und einer Datenaufzeichnung diverser Messungen, s. Abb. 5.4. Jedoch werden die Elemente der Überwachung den Versuchsanforderungen und Untersuchungszwecken angepasst und ergänzt, z. B. werden mit Integrierern dynamische Messwerte aufgenommen.

5.3 Fehleranalyse

In der Fehleranalyse werden die systematischen Fehler des Basismodells in Hinblick auf die Regelung untersucht.

5.3.1 Quantisierungsfehler

Der Quantisierungsfehler ist der Fehler, der bei der Digitalisierung von analogen Signalen entsteht. Bei einem 12-bit-Analog-Digital-Wandler wird der Signalbereich in $2^{12}\,digit = 4096\,digit$ unterteilt, z. B. bei einem Spannungsbereich von $0\,V \leq U \leq 100\,V$ wäre ein Ziffernschritt $digit = \frac{100}{4096}\,V = 24,414\,mV$ mit einer Genauigkeit von fünf signifikanten Stellen. Die analogen

Kapitel 5 Modellbildung mittels MATLAB/Simulink

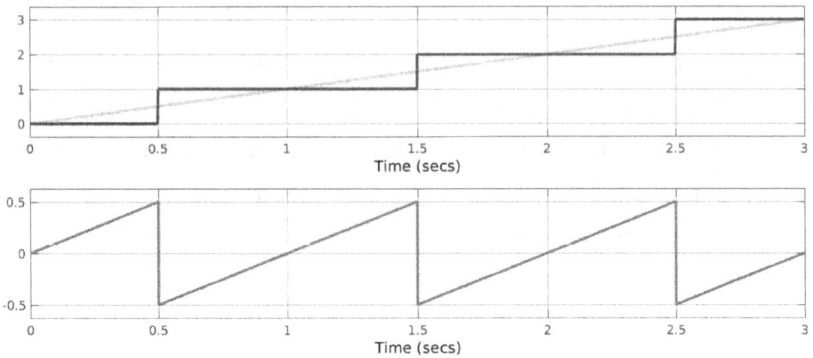

Abb. 5.5: Quantisierungsfehler

Werte x müssen auf quantisierte Werte x_q eines ganzzahligen Vielfachen von einem Ziffernschritt gerundet werden, so dass

$$x_q = n \cdot digit$$
$$mit \; n \in \mathbb{Z} \tag{5.1}$$

Der Quantisierungsfehler F_q beträgt dabei

$$F_q = x - x_q \tag{5.2}$$

Der Simulink-Quantisierer rundet mathematisch. Also folgt für den maximale Quantisierungsfehler

$$F_{q,max} = \pm \frac{1}{2} digit \tag{5.3}$$

In der Abb. 5.5 ist die Quantisierung dargestellt. Im oberen Diagramm stellt die Gerade den analogen Wert x dar und die stufenförmige Linie den quantisierten Wert x_q. Das untere Diagramm zeigt den Quantisierungsfehler F_q.

5.3.2 Fehlerfortpflanzung durch die Quantisierung

Das Maximum Power Point Tracking ist eine besondere Form der Leistungsregelung, so dass bei Betrachtung der Leistung sich folgender fortgepflanzter, *sekundärer Quantisierungsfehler* ergibt:

$$\begin{aligned} P &= U_q \cdot I_q \\ &= (U \pm F_{q,U})(I \pm F_{q,I}) \\ &= U \cdot I \underbrace{\pm U \cdot F_{q,I} \pm I \cdot F_{q,U} \pm F_{q,U} \cdot F_{q,I}}_{F_{q,P}(U,I)} \\ &= U \cdot I \pm F_{q,P}(U,I) \end{aligned} \quad (5.4)$$

Also ist der sekundäre Quantisierungsfehler der Leistung $F_{q,P}$ nicht nur von den primären Quantisierungsfehlern der Spannung $F_{q,U}$ und des Stroms $F_{q,I}$ abhängig, sondern auch von den Momentanwerten der Spannung U und des Stroms I:

$$F_{q,P}(U,I) = \pm U \cdot F_{q,I} \pm I \cdot F_{q,U} \pm F_{q,U} \cdot F_{q,I} \quad (5.5)$$

Die mathematische Fehlerfortpflanzung des Quantisierungsfehlers führt nicht nur zu Ungenauigkeiten in der Regelung sondern zu Fehlern, die das Regelergebnis signifikant verfälschen.

Auswirkung der Quantisierung auf die Regelung

Herkömmliche MPPT-Algorithmen mit Suchbewegung basieren auf dem *Bergsteigeralgorithmus*. Es wird also der aktuelle Messwert P_k mit dem vorherigen Messwert $P_{(k-1)}$ verglichen: $\Delta P = P_k - P_{(k-1)}$. Ist ΔP positiv, wird ein Schritt in die gleiche Richtung unternommen, oder ist ΔP negativ, so wird die Schrittrichtung umgekehrt. Die Regelkriterien des Bergsteigeralgorithmus haben zur Folge, dass das Maximum nicht wirklich als solches

Kapitel 5 Modellbildung mittels MATLAB/ Simulink

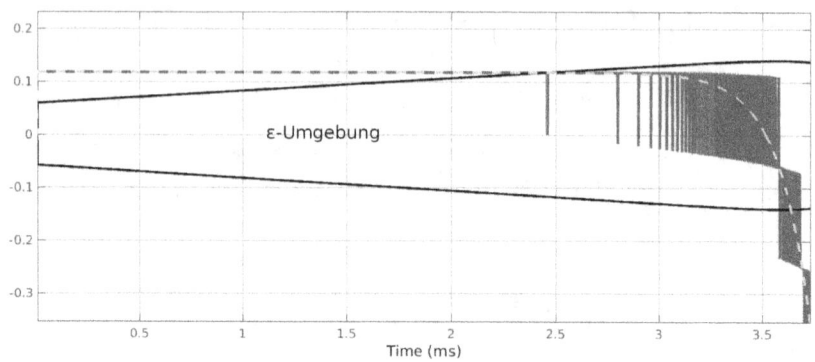

Abb. 5.6: Darstellung des sekundären Quantisierungsfehlers bei $G = 600\,\frac{W}{m^2}$ mit der Schrittweite von $1\,digit$

erkannt wird, sondern die Regelung immer um das Maximum oszilliert.

Bei oberflächlicher Überlegung könnte man zur Annahme kommen: Je kleiner die Schrittweite, desto genauer das Ergebnis. Bei analoger Signalverarbeitung mag das sogar stimmen, aber bei der digitalen Signalverarbeitung muss man den Quantisierungsfehler berücksichtigen. Denn wenn $\Delta P < F_{q,P}$, so führt der sekundäre Quantisierungsfehler zu einem unerwünschten Vorzeichenwechsel bei ΔP und damit zu einer fälschlichen Ermittlung des Leistungsmaximums, d. h. die Regelung oszilliert um die Fehlerstelle.

In der Abb. 5.6 ist ΔP als dunkelgraue Linie dargestellt. Die hellgraue, gestrichelte Linie zeigt die Leistungsdifferenz ohne Quantisierungsfehler, deren Nullstelle das Leistungsmaximum gemäß des notwendigen Kriteriums der Extremwertberechung indiziert. Zwischen den schwarzen Linie befindet sich die ε-Umgebung, in der ein Quantisierungsfehler zu einem fehlerhaften Regelergebnis führen kann.

Die Fluktuationen von ΔP aufgrund des sekundären Quantisierungsfehlers sind deutlich zu erkennen[3]. An allen Stellen, an denen eine Fluktuation die Nulllinie der Zeitachse überschreitet, findet ein Vorzeichenwechsel statt, der zu einem falschen Regelergebnis führt. Anschaulich formuliert, wäre ein adäquates Regelergebnis, wenn die dunkelgraue Linie die Nulllinie in der unmittelbaren Umgebung der hellgrauen, gestrichelten Linie überquert (ungefähr bei $t = 3,5\,ms$ in der Abb. 5.6).

Die Leistungsdifferenz ΔP ist abhängig von

- dem Strom I und damit auch von der Einstrahlung G; und
- der Schrittweite.

Es gilt: Je größer die Einstrahlung und je größer die Schrittweite, desto größer ΔP. Der Fehler bleibt aber in Abhängigkeit von den Momentanwerten der Spannung und des Stroms identisch. Die Einstrahlung ist eine Umweltgröße und lässt sich nicht regulieren, jedoch durch Erhöhung der Schrittweite lassen sich Regelfehler aufgrund des sekundären Quantisierungsfehlers verhindern bzw. vermindern. Im Anhang befinden sich die Abbildungen A.1 bis A.7, die weitere Kurven mit unterschiedlichen Einstrahlungen und Schrittweiten darstellen, und die Tabelle B.1, in der Regelergebnisse für unterschiedliche Einstrahlungen und Schrittweiten aufgenommen wurden. Die dunkelgrau markierten Felder in der Tabelle zeigen falsche Regelergebnisse aufgrund der Quantisierung und die hellgrauen Felder die drei höchsten Regelergebnisse. Die mittelgrauen Felder markieren Regelergebnisse, die noch adäquat sind, weil deren Wert bis einschließlich der ersten Nachkommastelle so hoch wie der dritthöchste Wert bis zur ersten Nachkommastelle ist.

---

[3]Die Fluktuationen sind in der Abb. 5.6 als Peaks dargestellt, sind aber vergrößert Rechtecksignale.

Kapitel 5 Modellbildung mittels MATLAB/ Simulink

Unerwarteterweise lässt die Untersuchung keinen eindeutigen Trend zu. Weder der Spitzenwert noch die Ozillation des Regelwerts verhalten sich im Bereich von 1 bis 10 *digit* in irgend einer Art und Weise proportional zu der Höhe der Schrittweite. Erst im Bereich von 20 bis 50 *digit* kann man den erwarteten Trend erkennen, dass das Regelergebnis mit Zunahme der Schrittweite insgesamt ungenauer wird. Eine Schlussfolgerung lässt die Untersuchung dennoch zu: Die Schrittweiten von 9 und 10 *digit* liefern bei allen untersuchten Einstrahlungen adäquate Regelergebnisse[4]. Die Ergebnisse sind nicht zufällig sondern reproduzierbar. Sie basieren also auf einem systematischen Verhalten.

Aber nicht nur bei Bergsteigeralgorithmen zeigen sich Auswirkungen des Quantisierungsfehlers auf die Regelung. Beim genetischen Algorithmus ist deutlich in der Abb. 5.7 zu erkennen, dass durch den Algorithmus ein am MPP näherer Wert abgetastet, er jedoch nicht erkannt wird:

- *Cursor* 1: Die reale Leistung der Strecke (dunkelgraue Linie) liegt deutlich über dem quantisierten Leistungswert (hellgraue Linie) und sehr nah an dem realen MPP (Strichpunkt-Linie). Ursächlich für die Differenz ist ein negativer Quantisierungsfehler, der in der Stromkurve deutlich zu erkennen ist.

- *Cursor* 2: Hier wird fälschlicherweise ein real geringerer Wert als Maximum angenommen. Wieder ist ein Quantisierungsfehler, aber diesmal in positiver Richtung, dafür verantwortlich.

---

[4]Auch bei $G = 1000 \frac{W}{m^2}$ sind die Regelergebnisse mit 9 und 10 *digit* noch adäquat, obwohl die Felder nicht markiert sind.

5.3 Fehleranalyse

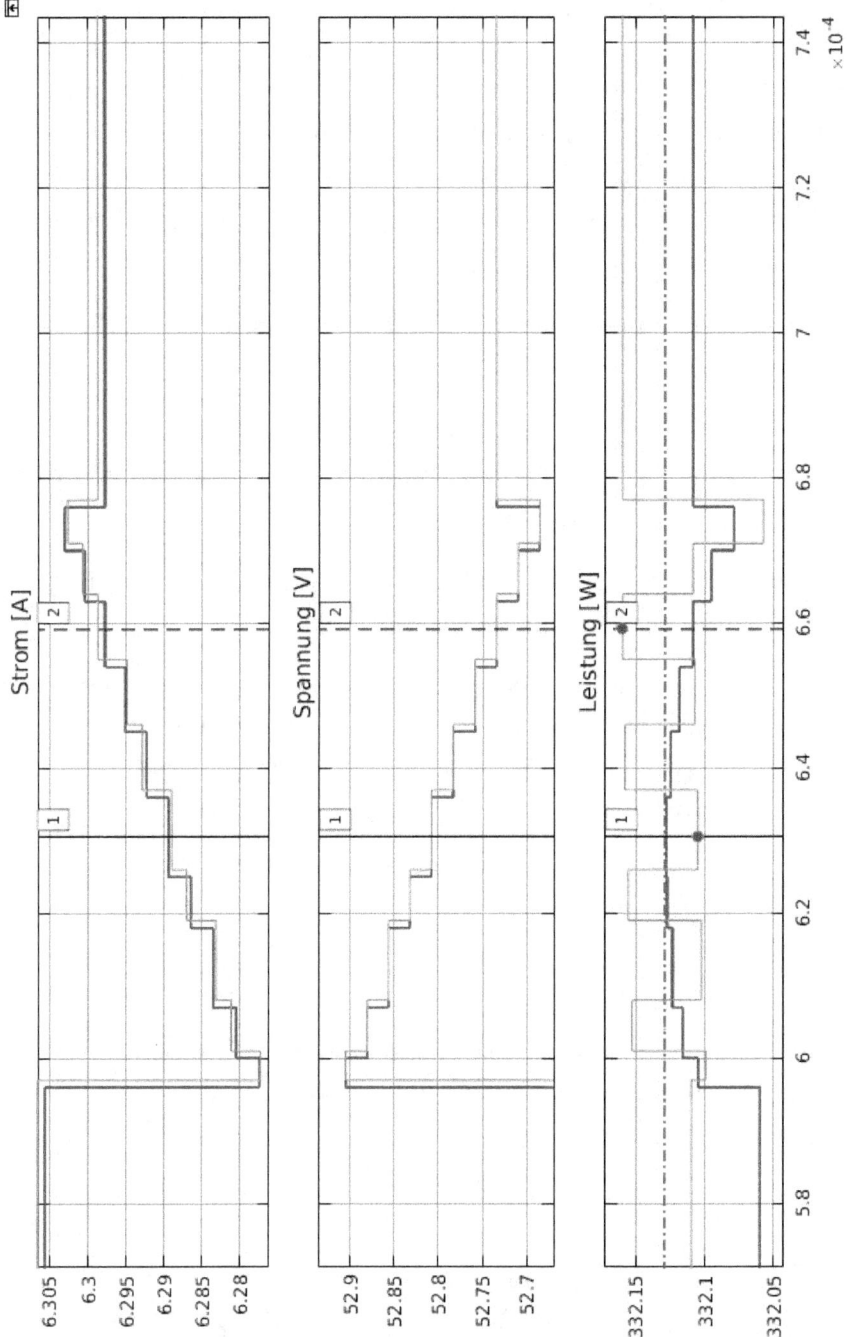

Abb. 5.7: Sekundärer Quantisierungsfehler, exemplarisch am genetischen Algorithmus

Kapitel 5 Modellbildung mittels MATLAB/Simulink

Anmerkung und Fazit

Die obige Untersuchung zeigt, dass bei Bergsteigeralgorithmen oder generell Algorithmen mit Gradientenauswertung die Fehlerfortpflanzung berücksichtigt werden muss. Deshalb wird in den folgenden Untersuchungen die minimale Standard-Schrittweite auf 10 *digit* festgelegt. Wegen der beiden Tatsachen,

- dass bei kleiner werdenden Einstrahlungen die Fehlerhäufigkeit zunimmt; und

- dass sich aufgrund der Charakteristik der Kennlinie nicht verhindern lässt, dass man an einer Stelle die potenzielle Fehlerumgebung durchläuft,

muss man ab einer gewissen (kleiner werdenden) Einstrahlung tolerieren, dass die Regelung fehlerhaft wird.

Alle Regelungen, deren Regelkriterien von keinem Gradienten abhängt, können mit kleinen Schrittweiten, bzw. der kleinsten Schrittweite von einem *digit*, arbeiten. Jedoch auch deren Regelprinzipien arbeiten nicht unbeeinflusst von Quantisierungsfehlern.

5.3.3 Fehler in der Simulink-Datenstruktur

Experimentell wurde ermittelt, dass zwischen dem Stellbefehl U_r und der Spannung der Regelstrecke U_s ein Fehler im Bereich 10^{-13}, also in oder hinter der 13. Nachkommastelle, besteht. Dieser Fehler hat zu Folge, dass bei der Überprüfung, ob der Stellbefehl ausgeführt wurde, $U_s = U_r$ ([5]), kein *High*-Signal ausgegeben wird, und die Regelung stagniert. Weil bei

---

[5] Beide Werte sind mit gleichen Ziffernschritten quantisiert.

5.3 Fehleranalyse

$1\,digit_U = 24{,}414\,mV = 0{,}024414\,V$ nur mit Spannungen bis einschließlich der sechsten Nachkommastelle in Volt gearbeitet wird, sollten alle Stellen hinter der sechsten Nachkommastelle Null und irrelevant sein, sind sie aber kurioserweise nicht: Mal ist die letzte Ziffer eine Eins, oder die Nachkommaziffern hinter der sechsten Stelle sind mit Neunen oder anderen Nummernkombinationen[6] aufgefüllt.

Die Ursache für dieses Phänomen wird hier nicht weiter untersucht. Das Problem wird durch mathematische Rundung auf die sechste Nachkommastelle gelöst. MATLAB kann Dezimalzahlen auf eine bestimmte Stelle ab der Version R2014b per *round*-Befehl runden. Simulink hingegen benutzt noch den alten *round*-Befehl, der nur auf ganzzahlige Werte rundet. Daher wurde eine Simulink-Funktion *runden (a, b)* erstellt, die eine Dezimalzahl a auf die b-te Nachkommastelle rundet, s. Abb. A.8 im Anhang.

5.3.4 Messfehler

In einem realen Versuchsaufbau muss zusätzlich zum Quantisierungsfehler noch ein Messfehler F_{mess} berücksichtigt werden, so dass die Überprüfung der Umsetzung des Stellbefehls nicht idealerweise

$$U_s = U_r \qquad (5.6)$$

lautet, sondern in der Realität wie folgt gebildet werden könnte:

$$|U_s - U_r| \leq F_{mess} \qquad (5.7)$$

Weil der Messfehler von den Sensoren abhängig ist, unterlägen alle Algorithmen dem gleichen Messfehler. Den in Abschnitt 5.3.3

---
[6] z. B. 000...02, 000...03, 999...98, 999...97, usw.

Kapitel 5 Modellbildung mittels MATLAB/ Simulink

beschriebenen Fehler in der Datenstruktur könnte man als Messfehler bezeichnen. Aber ein weiterer, künstlich erzeugter Messfehler wird in der Simulation nicht berücksichtigt, weil er für die Rangfolge und Bewertung der Regelqualität der Algorithmen unerheblich ist. Er vermindert lediglich die Genauigkeit für alle Algorithmen gleichermaßen, anstatt nur $P = P_{real} \pm F_{q,P}$ käme noch der Messfehler $\pm F_{mess,P}$ hinzu.

KAPITEL 6

Untersuchung der MPPT-Algorithmen

Die MPPT-Algorithmen werden in Hinblick auf ihre Effizienz und auf ihr Optimierungspotenzial untersucht. Dazu werden die im Kapitel 4 beschriebenen statischen und dynamischen Versuche mit einem Maximum oder mehreren lokalen Maxima durchgeführt.

Überblick über die zu untersuchenden MPPT-Algorithmen

- Referenzmethode Zyklische Messung der Leerlaufspannung (*FOCV*),
- zyklische und vollständige Abtastung der Generatorkennlinie (*Brute Force*),
- Verfahren mit Suchbewegung und Gradientenverfahren
    - Methode der Lastsprünge (*P&O*),

Kapitel 6 Untersuchung der MPPT-Algorithmen

- ○ Methode der inkrementellen Konduktanz (*INC*) und
- ○ gewichtete Dreipunktmethode (*3PWC*),

- mehrstufige Verfahren

  - ○ mit *top-down*-Ansatz Two-stage MPP-Trackingverfahren (*2SMPPT*) und
  - ○ mit *bottom-up*-Ansatz Novel Global MPPT Algorithm (*NGMPPT*)

- populationsbasierten Algorithmen mit der Individuenanzahl 15, 22, 33 und 55 in Klammern gesetzt:

  - ○ interpolierender, extrapolierender und kombinierender genetischer Algorithmus (*GA int, GA ext, GA kom*),
  - ○ Partikelschwarmoptimierung *local best* ohne Gegengewichtung, *global best* ohne Gegengewichtung, *global best inertia weight* und *global best constriction* (*PSO lb, PSO gb, PSO gb iw, PSO gb c*),
  - ○ Bakterienalgorithmus randomisiert, gewichtet und *global best* (*BFO rand, BFO gew, BFO gb*) und
  - ○ Feuerwerkalgorithmus (*FWA*).

6.1 Versuchsdurchführung

Zur Untersuchung der MPPT-Algorithmen werden zuerst die statischen Versuche durchgeführt, um anhand deren Ergebnisse sowohl die Populationsgröße für jeden einzelnen populationsbasierten Algorithmus individuell auszusuchen als auch Algorithmen auszusortieren, die den Optimierungsansprüchen nicht genügen.

6.1 Versuchsdurchführung

Algorithmus	$\mu_{MPPTges,olM}$	$\mu_{MPPTges,mlM}$	$\mu_{MPPTges}$
FOCV	99,5046	51,8645	**51,6076**
Brute Force	96,1877	75,8035	**72,9136**
P&O	99,5021	44,4992	**44,2776**
INC	99,5026	44,4992	**44,2778**
3PWC	99,4112	41,9203	**44,6735**
2SMPPT	99,7747	83,5692	**83,3809**
NGMPPT	99,3445	80,2901	**79,7638**
GA int (33)	99,6053	79,9495	**79,6340**
GA ext (33)	99,6097	80,1099	**79,7972**
GA kom (22)	99,6081	86,8682	**86,5278**
PSO lb (15)	99,5522	80,2263	**79,8671**
PSO gb (15)	99,5797	86,0585	**85,6968**
PSO gb c (15)	99,5226	85,6465	**85,2377**
BFO rand (55)	99,4467	85,6583	**85,1843**
BFO gew (55)	99,4278	84,7845	**84,2994**
BFO gb (33)	99,4243	79,0594	**78,6042**
FWA (33)	99,6096	85,6550	**85,3206**

Tabelle 6.1: Resultate: μ in %

Die statischen Kennlinien mit nur einem Maximum sind der *best case* eines Maximum-Power-Point-Tracking-Verfahrens und bilden damit die Minimalanforderung an ein MPPT-Verfahren. Populationsbasierte Algorithmen, bei denen bereits in diesen Versuchen das Notabbruchkriterium anspricht, also $\tau_{MPP} > 2\,ms$, werden aussortiert. Die Populationsgrößen mit den zwei besten Ergebnissen bei den statischen Kennlinien mit einem Maximum werden für die statischen Versuche an Kennlinien mit mehreren lokalen Maxima übernommen. Nach allen statischen Versuchen wird anhand der Ergebnisse die Populationsgröße jedes populationsbasierten Algorithmus für die dynamischen Versuche individuell ausgewählt. Unabhängig von deren Ergebnissen werden alle Versuche an den oben genannten sieben herkömmlichen MPPT-

Kapitel 6 Untersuchung der MPPT-Algorithmen

Algorithmen durchgeführt.

Die ausführlichen Versuchsergebnisse befinden sich im Anhang B in den Tabellen B.2 bis B.7. Die Auswertung erfolgt gemäß Abschnitt 4.3 und den darin enthaltenen Formeln 4.13, 4.14 und 4.15 für den zusammengefassten Wirkungsgrad ohne (mehrerer) lokaler Maxima $\mu_{MPPTges,olM}$, den zusammengefassten Wirkungsgrad mit mehrerer lokaler Maxima $\mu_{MPPTges,mlM}$ und den Gesamtwirkungsgrad $\mu_{MPPTges}$, s. Tabelle 6.1.

Der Anhang C enthält Hinweise zur Versuchsdurchführung in Simulink.

6.2 Ergebnisanalyse

Die Analyse findet mit dem Fokus auf die Effizienz und das Optimierungspotenzial der MPPT-Algorithmen statt. Um einen optimierten Algorithmus zu entwickeln, steht die Frage nach dem Grund der Effizienz und auch nach dem Versagen der untersuchten Algorithmen in bestimmten Situationen im Mittelpunkt. Die Stärken und Schwachstellen der Algorithmen werden analysiert.

Generell sollten die tiefen Wirkungsgrade nicht verunsichern, weil die Versuche, insbesondere die dynamischen Versuche mit mehreren lokalen Maxima, als *worst-case*-Betrachtung die MPPT-Algorithmen an ihre Grenzen heran führen. Die hier ermittelten Wirkungsgrade dienen lediglich der Algorithmenanalyse und sind mit dem Wirkungsgrad für einen realen Anwendungsfall über einen längeren Zeitraum nicht gleichzusetzen.

6.2.1 Bewertung der Versuchsergebnisse

In der Gesamtwertung hat der kombinierende genetische Algorithmus *GA kom (22)* mit dem Wirkungsgrad von 86,5278 % das höchste Ergebnis, dicht gefolgt von den populationsbasierten Algorithmen *PSO gb (15)*, *FWA (33)*, *PSO gb c (15)* und *BFO rand (55)* mit jeweils über 85 %. *BFO gew (55)* hat über 84 %, danach folgt der mehrstufige Algorithmus mit *top-down*-Ansatz *2SMPPT* mit über 83 %. Alle anderen Algorithmen haben einen Gesamtwirkungsgrad teilweise weit unter 80 %.

Statischer Versuch: Kennlinien mit einem Maximum

Bei den statischen Kennlinien mit einem Maximum hat der überwiegende Teil der Algorithmen einen Wirkungsgrad von über 99 % und nicht wenige sogar über 99,9 %. Die Referenzmethode *FOCV* hat mit 99,996 % den höchsten Wirkungsgrad. weil sie genau auf diesen Fall spezialisiert ist und eine extrem kurze Einstelldauer von $\tau_{MPP,100\%} = 2\,\mu s$ aufweist. Von den herkömmlichen Algorithmen mit Suchbewegung liegt der mehrstufige Algorithmus mit *top-down*-Ansatz *2SMPPT* mit 99,926 % vorn. Auch hier ist eine überragend kurze Detektionsdauer von $\tau_{MPP,100\%} = 105\,\mu s$ zu verzeichnen. Beinahe von allen populationsbasierten Verfahren gibt es einen Algorithmus mit einem Wirkungsgrad über 99,9 %.

Allein der Algorithmus *PSO gb iw* hat sich als unzuverlässig erwiesen und wird aus den folgenden Versuchen ausgeschlossen. Der Grund dafür könnte die Parametrisierung der *inertia-weight*-Formel sein, welches hier nicht näher untersucht wird, weil das Prinzip der Partikelschwarmoptimierung mit drei weiteren Algorithmen hinreichend vertreten ist.

Kapitel 6 Untersuchung der MPPT-Algorithmen

Die Standard-MPPT-Algorithmen und Gradientenverfahren *P&O* und *INC* nehmen mit den Wirkungsgraden von ca. 99,3 % eine eher untergeordnete Rolle ein. Sie benötigen mit $\tau_{MPP} = 716\,\mu s$ zu lange, um das Maximum zu detektieren – bildlich gesprochen den „Berg zu erklimmen".

Die Abtastdauer der zyklischen Abtastung der Generatorkennlinie (*Brute Force*) beträgt $\tau_{MPP} \approx 8\,ms$. Der Grund dafür liegt in der Überprüfung der Umsetzung des Stellbefehls, s. S. 14. Ohne diese Überprüfung, also mit einer Art Rampenfunktion und der Abfrage bei jedem $digit_U$, betrüge die Abtastdauer $\tau_{MPP} \approx 4\,ms$.

Statischer Versuch: Kennlinien mit mehreren lokalen Maxima

Die meisten populationsbasierten Algorithmen haben einen Wirkungsgrad von ca. 99,4 %. Der Feuerwerkalgorithmus (*FWA*) hat mit 99,4160 % den höchsten Wirkungsgrad, dicht gefolgt von dem kombinierenden GA mit 99,4155 %. Der mehrstufige, *top-down*-Algorithmus 2SMPPT hat mit 99,35 % einen ähnlichen Wert wie die populationsbasierten Algorithmen.

Die Referenzmethode *FOCV* und die Gradientenverfahren *P&O*, *INC* und *3PWC* besitzen nicht die Fähigkeit, ein lokales von dem globalen Maximum zu unterscheiden.

Dynamischer Versuch: Kennlinien mit einem Maximum

Nahezu jeder untersuchte Algorithmus erreicht einen Wirkungsgrad von über 99 %. Lediglich *BFO gew (55)* und *BFO gb (33)* liegen mit ca. 98,9 % leicht, *Brute Force* mit 95,9 % jedoch deutlich darunter.

Die reinen Gradientenverfahren *P&O*, *INC*, *3PWC* und der mehrstufige, top-down-Algorithmus *2SMPPT*, welcher ebenfalls ein Gradientenverfahren als Feinabtastung nutzt, liegen mit über 99,6 % vorn.

Dynamischer Versuch: Kennlinien mit mehreren lokalen Maxima

Mit den drei Alleesimulationen und dem sprunghaften Kennlinienwechsel werden die MPPT-Algorithmen bewusst an ihre Grenzen im Sinne einer *worst-case*-Betrachtung heran geführt. Insgesamt hat der kombinierende GA mit 74,3 % den höchsten Wirkungsgrad, gefolgt von *PSO gb (15)*, *BFO rand (55)*, *PSO gb c (15)*, *FWA (33)* und *BFO gew (55)* mit Wirkungsgraden über 70 %.

Bemerkenswert ist die Tatsache, dass bereits die *Astsimulation* allen Algorithmen gleich starke Probleme bereitet. Die hohen Relationswerte im Bereich $r_{Ast} \in [95\%; 100\%]$ sind kein Indikator für eine besonders gute sondern eine schlechte Bewältigung der Regelungsaufgabe. Denn die reinen Gradientenverfahren können das globale Maximum unter den lokalen Maxima nicht finden, weisen aber mit ca. 99,9 % eine hohe Wertigkeit auf. Der Schluss liegt nahe, dass kein Algorithmus das globale Maximum bei wechselnden Teilverschattungen und Flanken- und Verweilzeiten der Größenordnung $t \approx 10\,ms$ zuverlässig finden kann.

Die *Blattwerksimulation* stellt einen noch extremeren Fall dar. Unerwarteterweise hat die zyklische Abtastung der Generatorkennlinie (*Brute Force*) das beste Ergebnis, das rund 15 bis 20

Kapitel 6 Untersuchung der MPPT-Algorithmen

Prozentpunkte besser als die Ergebnisse aller anderen Algorithmen ist[1].

Erklärungsversuch: Die Langsamkeit des *Brute-Force*-Verfahrens, die bisher immer nachteilig war, wird nun zum entscheidenden Vorteil. Während die anderen Algorithmen aufgrund unvollständiger Daten und wenigen Merkmalen Einstellungsentscheidungen treffen, verfügt der *Brute-Force*-Algorithmus über mehr und stetige Informationen, die der Regelung offensichtlich nutzen.

Die sprunghaften Kennlinienwechsel bieten einen guten Indikator und vielseitige Analysemöglichkeiten für die Effektivität eines Algorithmus, weil die Vergleichbarkeit mit der maximalen Leistung gegeben ist und es sich um echte Wirkungsgrade nicht nur Relationen handelt.

6.2.2 Auswertung zwecks Optimierung

Die Funktionsweisen und Versuchsergebnisse der MPPT-Algorithmen werden zur Ermittlung derer Stärken und Schwächen teilweise anhand von Versuchskurven ausgewertet, um Optimierungspotenziale herauszustellen.

Referenzmethode und mehrstufiges Bottom-Up-Verfahren

Die Versuchsergebnisse der Referenzmethode *FOCV* und des mehrstufigen *bottom-up*-Verfahrens *NGMPPT* können nicht überzeugen. Jedoch zeigen beide Verfahren Merkmale der Generatorkennlinie, die möglicherweise von Nutzen für die Optimierung sind.

---

[1] Dieses Ergebnis wurde mehrfach überprüft.

6.2 Ergebnisanalyse

NGMPPT arbeitet mit den Erkenntnissen, dass

1. jeder Solarmodulstrang (serielle Schaltung) nur so viele lokale Maxima haben kann, wie Solarmodule mit Bypassdioden in Reihe geschaltet sind; und

2. die lokalen Maxima ungefähr den gleichen Abstand zueinander haben (vgl. Abschnitt 2.4.2).

Mit der Erkenntnis aus dem Funktionsprinzip der Referenzmethode *FOCV*, dass eine Beziehung zwischen Leerlaufspannung und Spannung des MPP existiert, kann auf gleichverteilte ε-Umgebungen über die Generatorkennlinie geschlossen werden, in der sich die lokalen Maxima befinden.

Gradientenverfahren und mehrstufiges Top-Down-Verfahren

Anhand der hervorragenden Ergebnisse der Gradientenverfahren bei den dynamischen Versuchen mit nur einem Maximum lässt sich deutlich erkennen, dass die Oszillation um den MPP zum Zweck der kontinuierlichen Nachregelung einen deutlichen Vorteil gegenüber allen anderen Verfahren darstellt.

Das mehrstufige *top-down*-Verfahren *2SMPPT* adaptiert erfolgreich dieses Verfahren für die globale MPP-Suche. Durch eine Art Gleichverteilung der Suchstellen wird erst die Umgebung des MPP detektiert, und dann der MPP per Gradientenverfahren nachgeregelt.

Bei allen Verfahren mit festem Zyklus, also auch dem *2SMPPT*, lässt sich erkennen, dass sich der feste Zyklus insbesondere bei den dynamischen Versuchen mit mehreren lokalen Maxima teilweise nachteilig auswirkt. Denn das Verfahren hat die Fähigkeit den MPP zuverlässig zu erkennen, jedoch durch den festen Zyklus wird nach Leistungsänderungen keine erneute Suche veranlasst. Eine variable Wiederaufnahme der Suche wie bei den populationsbasierten Algorithmen wäre an dieser Stelle sinnvoll.

Die Zykluszeit wurde für alle zyklenbasierten Algorithmen auf $0,1\,s$ gesetzt. Zwischen den Zyklen findet keine erneute Suche, sondern lediglich eine Nachregelung per Gradientenverfahren statt, welches lokale Maxima nicht überschreiten kann. Im Leistungsdiagramm (s. Abb. 6.1 unten) sind zwei Kurven abgebildet: Die Leistungskurve des jeweiligen getesteten Algorithmus ist dunkelgrau und das Leistungsmaximum ist hellgrau, gestrichelt dargestellt. Exemplarisch wurden Stellen in der Kurve des Kennliniensprungs durch Pfeile markiert: Die schwarzen Pfeile markieren Stellen, bei denen sich eine erneute globale Suche positiv auf die Leistungsabgabe des Solargenerators auswirken würde. Dazu muss aber die Indikation einer Änderung der Umweltbedingungen erfolgen, welche an der Stelle des mittelgrauen Pfeils nicht oder nur geringfügig gegeben ist, weil der Strom sich nicht signifikant ändert. Der hellgraue Pfeil zeigt, dass die hohen Leistungen bei den hochfrequenten Leistungsfluktuationen ausgeregelt werden. Das passiert hier nur zufällig durch eine glücklich gesetzte Zykluszeit, jedoch könnte dieses Regelverhalten ein Idealfall für hohe Frequenzen sein, deren Leistungskurven nicht komplett nachregelbar sind.

Zyklische Abtastung der Generatorkennlinie

Wie bereits oben im Abschnitt 6.2.1 beschrieben, kann die Langsamkeit eines Algorithmus und das Sammeln von mehr Informationen auch zum Vorteil werden. Ein *Agent*, also ein Programmteil mit „selbstorganisatorischen Fähigkeiten" [Bog13, S.

6.2 Ergebnisanalyse

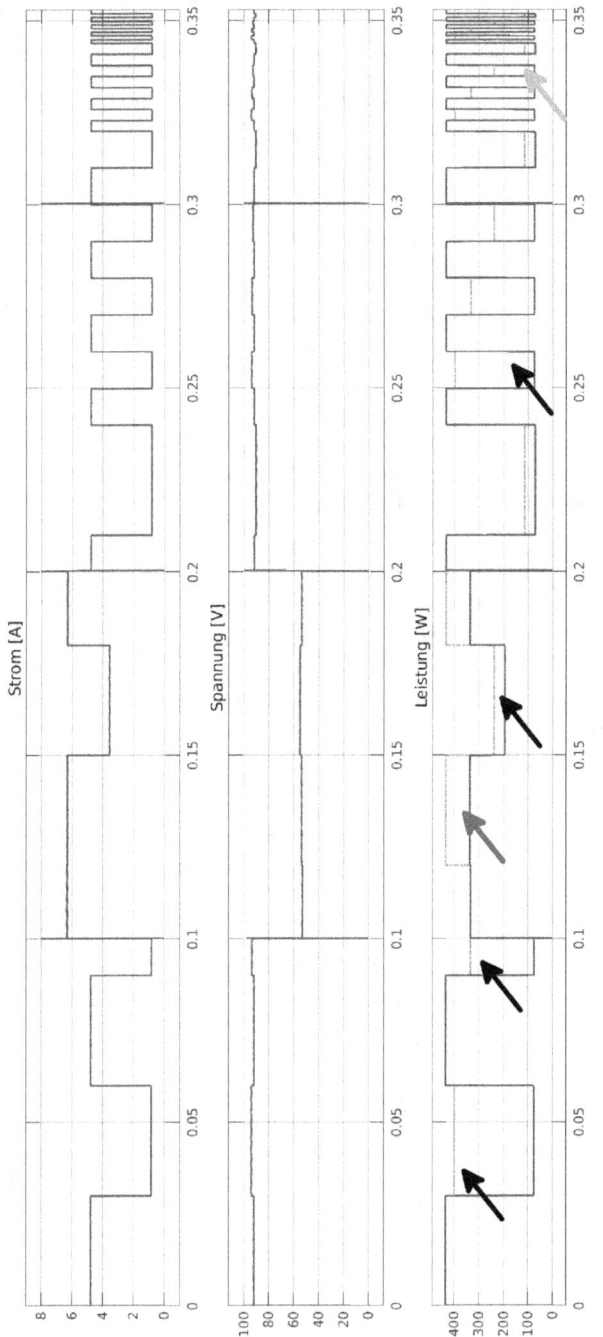

Abb. 6.1: Kurve des Kennliniensprungs von 2SMPPT

Kapitel 6 Untersuchung der MPPT-Algorithmen

14], könnte parallel zu der eigentlichen Regelung Kurvendaten speichern und so aus einem größeren Informationspool die Generatorkennlinie und Umwelteinflüsse analysieren, um auf die Regelung situationsbedingt Einfluss zu nehmen.

Populationsbasierte Algorithmen

Anhand der Gesamtwertung der Versuchsergebnisse ist das *No-Free-Lunch*-Theorem[2] gut nachvollziebar. Das *No-Free-Lunch*-Theorem (NFL) besagt, dass

> „im Mittel über alle möglichen Probleme – oder eben erwartungsgemäß für ein Problem, über das nichts bekannt ist, – kein Algorithmus den anderen Algorithmen überlegen [ist]." [Wei15, S. 120]

Weicker folgert in dem Zusammenhang:

> „Die Anpassung an das zu lösende Optimierungsproblem findet i. d. R. nur in Form der Parametereinstellung statt." [Wei15, S. 243]

Unter den fünf besten Wertungen finden sich ein genetischer Algorithmus, zwei Partikelschwarmoptimierungen, ein Feuerwerkalgorithmus und ein Bakterienalgorithmus. Also alle vorgestellten populationsbasierten Verfahren mit unterschiedlichen Parametrierungen haben ein ähnlich qualitativ hochwertiges Ergebnis erzielt.

Trotz der Aussage des *No-free-Lunch*-Theorems können anhand der populationsbasierten Algorithmen Optimierungsmöglichkeiten aufgezeigt werden. An dem Kennliniensprung-Versuch ist der

---

[2]Das *No-Free-Lunch*-Theorem (NFL) wird unter Experten kontrovers diskutiert. Selbstverständlich muss zur Erfüllung des NFL-Theorems eine gewisse Vergleichbarkeit der Suchheuristiken bzw. Algorithmen gegeben sein.

6.2 Ergebnisanalyse

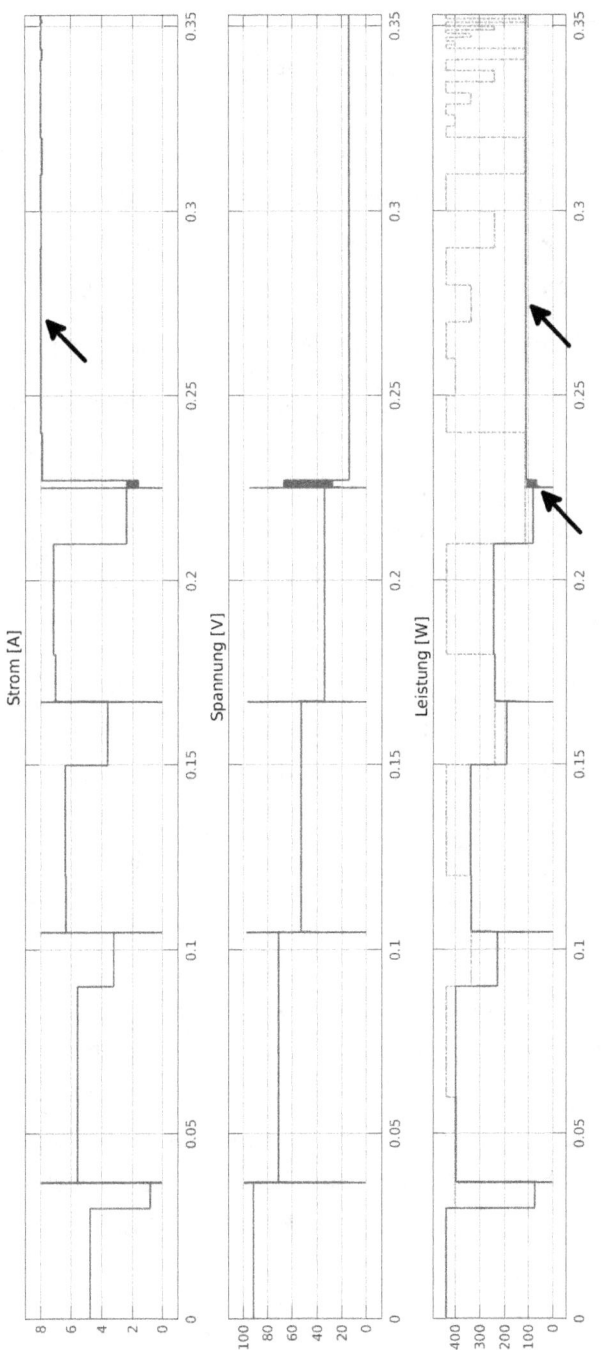

Abb. 6.2: Kurve des Kennliniensprungs von *GA int (33)*

Kapitel 6 Untersuchung der MPPT-Algorithmen

interpolierende GA teilweise gescheitert. Bei ca. $0,225\,s$ (linker Pfeil) wird die Suche mit dem Notabbruchkriterium beendet, findet aber trotzdem das Leistungsmaximum (hellgraue Strich-Punkt-Linie), s. Abb. 6.2. Danach findet keine Suchbewegung mehr statt, weil keine signifikante Stromänderung zu verzeichnen ist, wie die Pfeile rechts oben und unten zeigen. Hieran lassen sich zwei Optimierungsansätze ableiten:

1. Das Abbruchkriterium müssen evtl. überdacht werden; und

2. Die Aufnahme der Stromänderung und Aufsummierung der Energieänderungen genügen nicht als alleiniges Kriterium der Wiederaufnahme der Suche. Ein anderer Mechanismus, z. B. eine ablaufende Zykluszeit, muss ebenfalls die Wiederaufnahme der Suche auslösen können, um den Algorithmus aus dem ungünstigen Beharrungszustand zu befreien.

Der Feuerwerkalgorithmus hat sich als effizient erwiesen, birgt dennoch offensichtlich Unsauberkeiten, s. Abb. 6.3. Die schwarzen Pfeile zeigen eine Stelle, in der die Leistung kleiner als Null ist, weil die Spannung während einer Suche durch randomisierte Normalverteilung kleiner als Null gestellt wurde. Daraus folgt, dass die Rahmenbedingungen vom Algorithmus unbedingt eingehalten werden müssen.

Bei dem *2SMPPT* werden die hohen Leistungen bei hochfrequenten Leistungsfluktuationen ausgeregelt (s.o.), welches als *Idealfall* für zu schnelle Leistungsänderungen bezeichnet wurde. Beim *FWA* stellt sich – ebenfalls zufällig – eine mittlere Leistung ein, welches ebenfalls ein Idealfall ist. Denn ob kontinuierlich 50 % der Leistung oder über 50 % der Zeit 100 % der Leistung erzeugt wird, ist im Ergebnis identisch.

6.2 Ergebnisanalyse

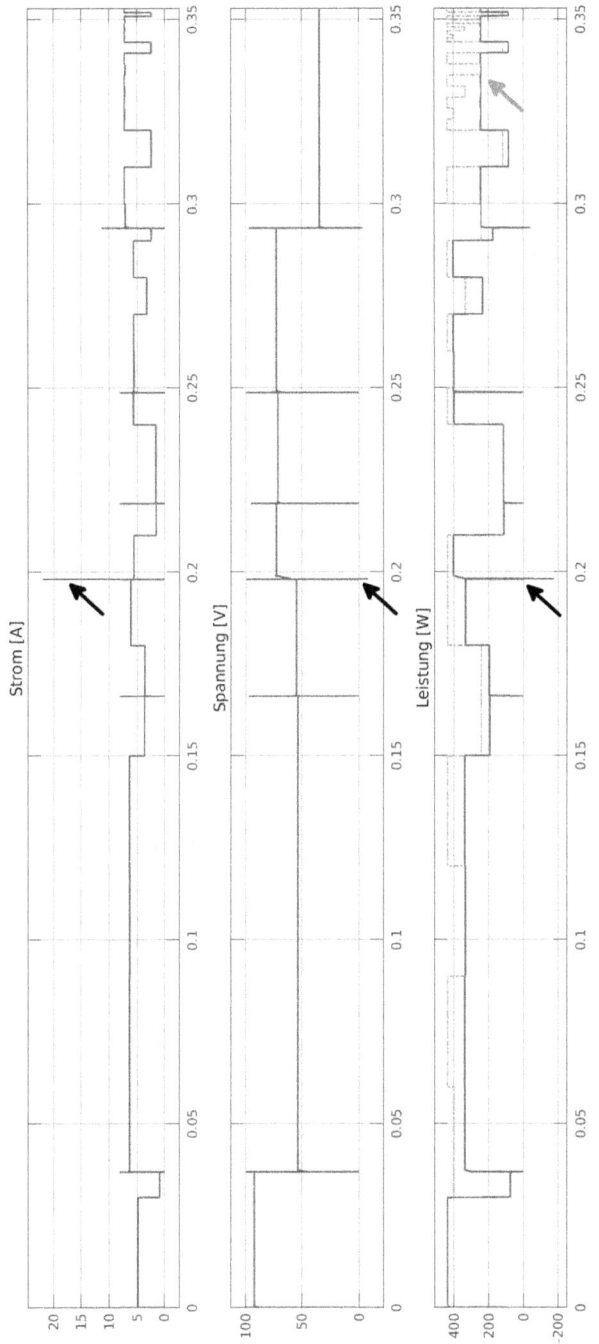

Abb. 6.3: Kurve des Kennliniensprungs von FWA

Kapitel 6 Untersuchung der MPPT-Algorithmen

KAPITEL 7

Entwicklung eines optimierten MPPT-Algorithmus

Das *No-Free-Lunch*-Theorem (NFL) sagt aus, dass unter den Algorithmen, die in der Lage sind, das Problem zu lösen, keiner dem anderen grundsätzlich überlegen sei und die Schlussfolgerung daraus ist, dass Optimierung nur über Parametereinstellung funktioniere, vgl. Abschnitt 6.2.2 unter *Populationsbasierte Algorithmen*.

Die zentrale Frage lautet, ob die Entwicklung eines optimierten Algorithmus sinnvoll ist, wenn das NFL-Theorem gültig ist. Abhilfe schafft die *Free-Appetizer*-Betrachtung [Dro98], welche zuerst zeigt, dass das NFL-Theorem für uneingeschränkte *Black-Box*-Szenarios gültig ist.

> „The No Free Lunch Theorem is the correct answer to statements that an optimization technique is on the set of

Kapitel 7 Entwicklung eines optimierten MPPT-Algorithmus

all functions $f : X \to Y$ superior to another one." [ebd.]

Darüber hinaus wird in [Dro98] erörtert, dass die Möglichkeit besteht, das *Black-Box*-Szenario bzw. den Suchraum einzuschränken, falls bestimmte Verhaltensweisen des Systems bekannt sind,

„restricted black box optimization allows different behavior of optimization techniques" [ebd.],

und es lässt sich zeigen, dass für ein spezifisches Problem bestimmte Optimierungstechniken den anderen überlegen sind:

„For several scenarios specific techniques are superior to general ones." [ebd.]

Diese überlegenen Optimierungstechniken, die in [Dro98] *Free Appetizer* genannt werden, gilt es anhand des bekannten Systemverhaltens zu identifizieren.

Beispiel aus dem Alltag

Die Suche einer bestimmten Telefonnummer aus einem Schuhkarton mit einer losen Notizzettelsammlung stellt ein uneingeschränktes *Black-Box*-Szenario dar. Welche Strategie angewendet wird, ist hier irrelevant. Das Auffinden des richtigen Notizzettels mit der gesuchten Telefonnummer hängt vom Zufall ab ($\to$ *No Free Lunch*).

Findet die Suche nach einer Telefonnummer jedoch mithilfe eines Telefonbuchs statt, so ist zumindest bekannt, dass die Namen im Telefonbuch alphabetisch geordnet sind. Also wurde das *Black-Box*-Szenario durch spezifisches Wissen über das System eingeschränkt, welches ermöglicht, überlegene Suchalgorithmen anzuwenden ($\to$ *Free Appetizer*).

Aus den Überlegungen zu dem NLF-Theorems und der *Free-Appetizer*-Betrachtung geht das folgende Optimierungsverfahren für MPPT-Algorithmen hervor.

Optimierungsverfahren für MPPT-Algorithmen

1. Analyse des Systemverhaltens
2. Vergleich der getesteten Algorithmen
3. Identifikation vielversprechender Suchmethoden *(Free Appetizer)*
4. Kombination ausgesuchter Methoden

Die Analyse des Systemverhaltens erfolgt üblicherweise anhand der Systemantwort, also den Kennlinien- und Kurvenverläufen. Dann werden die Systemantworten der Algorithmen an den problematischen Stellen (hier: den Einstrahlungsänderungen) verglichen um zu evaluieren, welche Methode den anderen auf eine spezifische Problemstellung bezogen überlegen ist. Um einen MPPT-Algorithmus zu optimieren, werden anschließend die identifizierten überlegenen Methoden kombiniert.

Im Abschnitt 6.2.2 wurde bereits mit den Punkten 1 bis 3 begonnen. Im folgenden Abschnitt 7.1 werden die Auswertungen zwecks Optimierung mit theoretischen Überlegungen ergänzt und insbesondere die Identifikation der vielversprechenden Suchmethoden konkretisiert. Aus der Kombination ausgesuchter vielversprechender Methoden geht im Abschnitt 7.2 der *globale MPPT-Algorithmus für hochdynamische Anwendungen* (engl.: *global high-dynamic MPPT algorithm*, GHDMPPT) hervor.

7.1 Umsetzung der Optimierungsansätze

Die Optimierungsansätze werden zwecks Umsetzung in einen Algorithmus schriftlich und mathematisch beschrieben, so dass sie konkret mittels MATLAB/ Simulink programmiert werden können.

7.1.1 Globale Suche

In die globale Suche werden mehrere Mechanismen der verschiedensten Verfahren integriert und kombiniert.

Der mehrstufige *top-down*-Algorithmus *2SMPPT* ist mit $\tau_{MPP} = 105\,\mu s$ der schnellste Algorithmus mit Suchbewegung und funktioniert sehr zuverlässig und effektiv. Seine globale Suche (*Kennlinienüberflug*) wird mit einer Schrittweite von 80 *digits*, also 50 Abtastungen bei 4000 *digits* vorgenommen – anders ausgedrückt: Seine Population besteht aus 50 Individuen.

Mit den Erkenntnissen aus der Referenzmethode und dem mehrstufigen *bottom-up*-Verfahren *NGMPPT* können ε-Umgebungen festgelegt werden, in denen sich die lokalen Maxima befinden, s. Abschnitt 6.2.2. Dazu wird erst die Leerlaufspannung U_{oc} gemessen, die dann durch die Anzahl n mit Bypassdioden beschalteter Solarmodule dividiert wird:

$$\Delta U = \frac{U_{oc}}{n} \qquad (7.1)$$

Die Referenzmethode benutzt einen k-Faktor als Verhältnis zwischen der Leerlaufspannung U_{oc} und der Spannung des MPP U_{mpp}, der für kristalline Solarzellen mit

$$k \approx 0,75\ldots 0,85 \qquad (7.2)$$

abgeschätzt wird, s. [Rei14, S. 23]. Dieser k-Faktor wird zur Bestimmung des Mittelpunkts der ε-Umgebungen verwendet und

7.1 Umsetzung der Optimierungsansätze

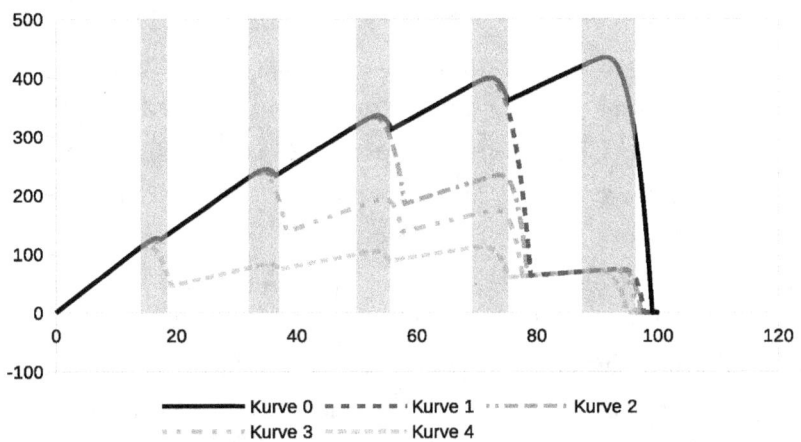

Abb. 7.1: Schematische Darstellung der ε-Umgebungen

auf

$$k = 0,8 \qquad (7.3)$$

gesetzt. Der Mittelpunkt der ε-Umgebungen berechnen sich aus

$$U_i = i \cdot k \cdot \Delta U \qquad (7.4)$$

mit $i \in [1\,;\,n]$ als Zähler. Die Abweichung ε wird auf

$$\varepsilon = \pm 0,1 \cdot U_i \qquad (7.5)$$

gesetzt, so dass sich die Suchräume in einem Intervall von

$$\Omega_i = [0,9 \cdot U_i\,;\,1,1 \cdot U_i] \qquad (7.6)$$

befinden. In der Abb. 7.1 sind die ε-Umgebungen als graue Balken schematisch dargestellt.

Das Prinzip des Feuerwerkalgorithmus wird verwendet, um die Individuen zu verteilen. Zuerst wird je ein Elternindividuum in

Kapitel 7 Entwicklung eines optimierten MPPT-Algorithmus

den Mittelpunkt der ε-Umgebungen U_i platziert. Da die Suche auf bestimmte Bereiche fokussiert wurde, kann die Population etwas verringert werden. Fünf Kindindividuen sind für die Lokalisierung der Umgebung des globalen Maximums im Sinne der Erkundung angemessen. Damit berechnet sich die Gesamtpopulation zu

$$Pop = \mu + \lambda = \mu \cdot (1 + kinder) = 30 \qquad (7.7)$$

Die Kindindividuen werden gemäß des Feuerwerkalgorithmus randomisiert normalverteilt um das jeweilige Elternindividuum, also den Mittelpunkten der ε-Umgebungen, platziert. Die Zufallszahlen r mit dem Mittelpunkt 0 und der Standardabweichung 1 werden mit $|\varepsilon|$ multipliziert, damit sie potenziell den gesamten Bereich der ε-Umgebungen umfassen.

$$r_\varepsilon = |\varepsilon| \cdot r \qquad (7.8)$$

Theoretisch ist der Austritt aus der ε-Umgebungen aufgrund der randomisierten Normalverteilung möglich. Jene Individuen werden als Mutationen angesehen.

7.1.2 Lokale Suche

Wie in den mehrstufigen Verfahren wird zur lokalen Suche (*Feinabtastung*) ein Gradientenverfahren verwendet. Weil die Methode der inkrementellen Konduktanz (INC) in den Versuchen besser (wenn auch nur marginal) als die Methode der Lastsprünge (*P&O*) abgeschnitten hat, wird INC ausgewählt. Als Startpunkt der lokalen, kontinuierlichen Suche dient das Individuum mit der höchsten Leistung aus der globalen Suche.

Die Wiederaufnahmekriterien der globalen Suche werden in den

7.1 Umsetzung der Optimierungsansätze

folgenden Abschnitten thematisiert.

7.1.3 Variable Schrittweite

In diversen Konferenzbeiträgen wird meistens die Schrittweite ΔU eines Gradientenverfahrens abhängig von der Steigung mit einem Faktor α angepasst, wie auch in [Liu14]:

$$\Delta U = \alpha \cdot \frac{dP}{dU} \qquad (7.9)$$

Um die Genauigkeit zu erhöhen, schlagen Liu und Diao vor:

> "large fixed step size when far from MPP and variable step size when in the near of MPP" [Liu14]

Jedoch wird dabei der Quantisierungsfehler vernachlässigt, s. Abschnitt 5.3. Nicht nur die Steigung sondern vor allen Dingen die momentane Leistung muss zur Schrittweitenbestimmung herangezogen werden. In Anlehnung an die Tabellen 4.4 und B.1 lassen sich Anhaltspunkte für die Bestimmung der Schrittweite ableiten. Angenommen[1], sowohl bei $\leq 10\,\%$ der maximalen Leistung, hier ca. 60 W, und der Schrittweite von 10 *digits* als auch bei $\geq 90\,\%$ der maximalen Leistung, hier ca. 600 W, und der Schrittweite von 1 *digit* treten keine relevanten Quantisierungsfehler auf, die zu einem falschen Regelergebnis führen (s. Abschnitt 5.3.2). Dann kann folgende, vereinfachte Formel hergeleitet werden:

$$schritt = ceil\left(-\frac{1}{60} \cdot P + 11\right) \qquad (7.10)$$

---

[1] Die Annahme gilt für die Rahmenbedingungen und das Basismodell der Simulation. Weil die Ziffernschritte und damit auch die Quantisierungsfehler skalieren, spricht viel dafür, dass die Annahme für alle 12-bit-A/D-Wandler gültig ist. Trotzdem ist es ratsam, die Annahme bei der Implementierung des Algorithmus in einen realen MPPT zu evaluieren und die Gleichung ggf. anzupassen.

Kapitel 7 Entwicklung eines optimierten MPPT-Algorithmus

Für die Schrittweite gilt *schritt* $\in [1; 10] \cap \mathbb{N}$, deshalb wird generell aufgerundet und bei Überschreitung der Grenzen die näher liegende Grenze als Schrittweite gesetzt.

Die Anpassung der Schrittweite beginnt, nachdem der MPP detektiert wurde. Vorher beträgt die Schrittweite 10 *digits*.

7.1.4 Detektion des MPP

Die Detektion des MPP findet während der lokalen Suche statt. Der MPP dient als Vergleichswert für das Wiederaufnahmekriterium der globalen Suche.

Der MPP gilt als detektiert, wenn drei Richtungswechsel stattgefunden haben, also der Algorithmus beginnt, um einen Wert zu oszillieren. Bei den Richtungswechseln werden die Leistungen aufgenommen, und deren Oszillationsamplitude

$$\Delta P_{osz} = |P_k - P_{(k-1)}| \qquad (7.11)$$

mit $k \succ k-1$ (k: aktuelle Iteration; $k-1$: vorherige Iteration) gebildet.

7.1.5 Energieabweichung

Wie bei den populationsbasierten Algorithmen wird als Wiederaufnahmekriterium der globalen Suche die Energieabweichung E_v aufgenommen, s. Abschnitt 3.1.6 und die Formeln 3.10 und 3.11. Um die Wiederaufnahme der globalen Suche zu beschleunigen, wird der Toleranzwert auf

$$E_{tol} = 2\,Ws \qquad (7.12)$$

7.1 Umsetzung der Optimierungsansätze

herabgesetzt. Als Fehlertoleranz wird die aktuelle Oszillationsamplitude[2] der Leistung plus 5 % zusätzliche Fehlertoleranz eingesetzt

$$F_{tol} = \pm 1,05 \cdot \Delta P_{osz} \qquad (7.13)$$

damit die Oszillation nicht als Energieabweichung berechnet wird.

Eine Überschreitung des Toleranzwerts $E_v > E_{tol}$ initiiert die globale Suche.

7.1.6 Analyse der Kurvenstruktur

Im Fall der Kennlinien mit nur einem Maximum reicht das Kriterium der Energieabweichung aus, welches die Untersuchungsergebnisse in Kapitel 6 zeigen und die aufgenommene Kurve in Abb. 7.2 veranschaulicht. Die *Peaks* stellen die Suche nach dem MPP dar.

Im Gegensatz dazu bietet das Verhalten der Algorithmen bei dynamischen Kennlinien mit mehreren lokalen Maxima noch Optimierungsmöglichkeiten, die im folgenden Abschnitt 7.1.7 erläutert werden.

Um eine Unterscheidung zwischen Kennlinien mit und ohne mehreren lokalen Minima durchzuführen, wird in der globalen Suche eine Analyse der Kurvenstruktur durchgeführt. Zuerst wird die Steigung zwischen den Individuen (aufsteigend geordnet nach der Spannung) ermittelt:

$$m_i = \frac{P_i - P_{(i-1)}}{U_i - U_{(i-1)}} \qquad (7.14)$$

---

[2]In der Tabelle B.1 unter der Spalte „-dP" sind exemplarische Oszillationsamplituden verzeichnet.

Kapitel 7 Entwicklung eines optimierten MPPT-Algorithmus

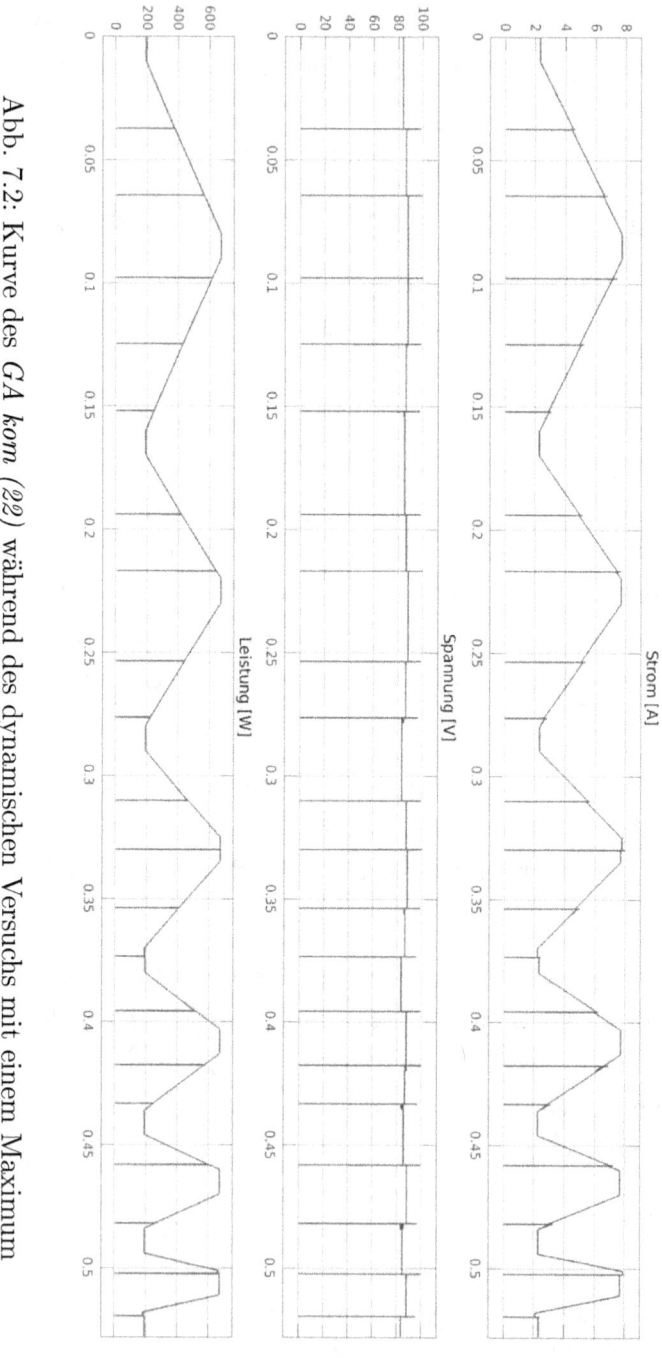

Abb. 7.2: Kurve des *GA kom* (22) während des dynamischen Versuchs mit einem Maximum

7.1 Umsetzung der Optimierungsansätze

mit $i \succ i-1$. Sind die Vorzeichen der aufeinander folgenden Steigungen gleich

$$sign\left(m_i\right) = sign\left(m_{(i-1)}\right) \qquad (7.15)$$

wird kein Extremwert erkannt. Jedoch bei Vorzeichenwechsel

$$sign\left(m_i\right) \neq sign\left(m_{(i-1)}\right) \qquad (7.16)$$

liegt ein Extremwert vor, den der Zähler vzw erfasst. Weil die Minima von dem Vorzeichenwechsel auch registriert werden und theoretisch ein Maximum durch zwei Vorzeichenwechsel (1 → 0 → −1) gekennzeichnet sein kann, gilt: Bei

- $vzw \leq 2$ liegt nur ein Maximum; und bei
- $vzw > 2$ liegen mehrere lokale Maxima vor.

7.1.7 Gradient der Stromänderung

Der kombinierende genetische Algorithmus *GA kom (22)* ist der leistungsstärkste MPPT-Algorithmus in der Gesamtwertung und zweitstärkster bei dem Versuch der Kennliniensprünge. Aber wie in der Abb. 7.3 exemplarisch an den mit Pfeilen markierten Stellen erkennbar ist, reagiert der Algorithmus nicht schnell genug auf signifikante Stromänderungen und büßt damit Energieerträge ein.

Im Fall einer Kennlinie mit mehreren lokalen Maxima, werden zwei weitere Wiederaufnahmekriterien der globalen Suche aktiv: die momentane Stromänderung und die gemittelte Stromänderung.

Kapitel 7 Entwicklung eines optimierten MPPT-Algorithmus

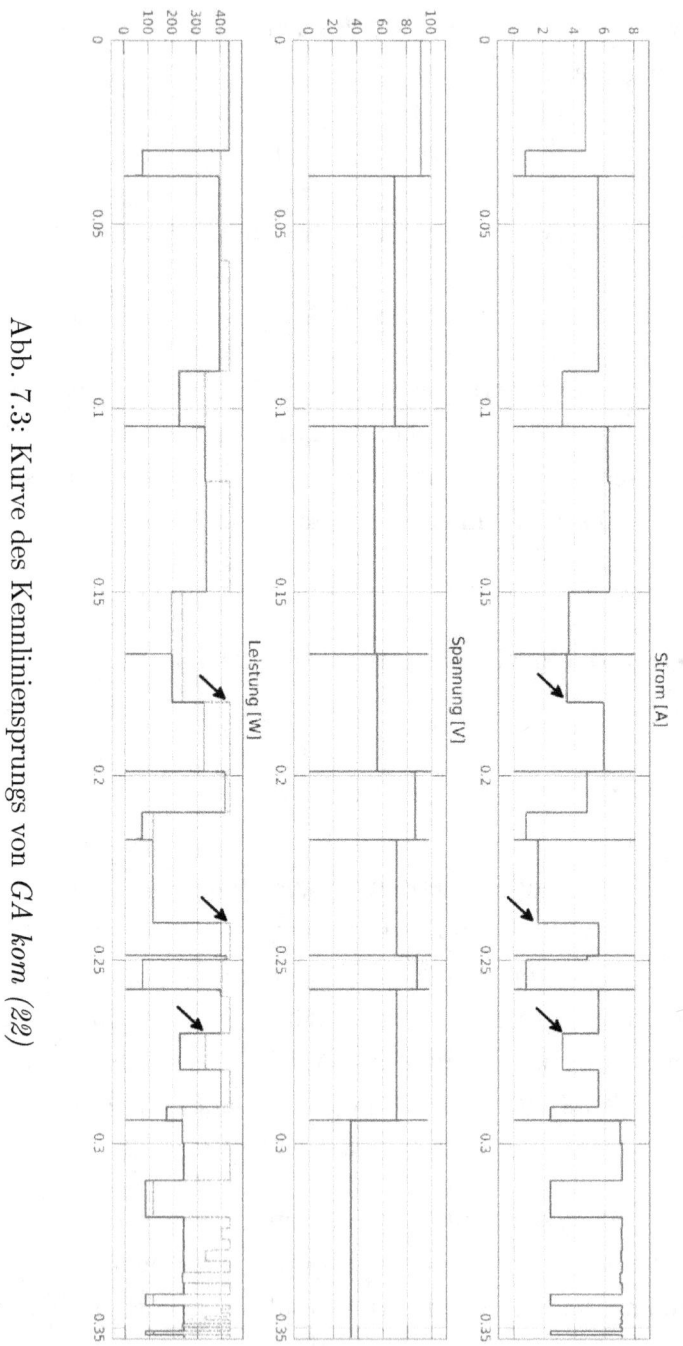

Abb. 7.3: Kurve des Kennliniensprungs von *GA kom* (22)

7.1 Umsetzung der Optimierungsansätze

Momentane Stromänderung

Es wird mit der Taktrate der Regelstrecke $dt = 1\,\mu s$ die Stromänderung aufgenommen. Beträgt die momentane Stromänderung

$$\left|\frac{dI}{dt}\right| > 0,2\,\frac{A}{\mu s} \approx 100 \cdot digit_I \qquad (7.17)$$

– wie sie bei Kennliniensprüngen zu verzeichnen sind – wird die globale Suche eingeleitet.

Gemittelte Stromänderung

Die momentanen Stromänderungen werden in einen Ringspeicher mit 1000 Registern, welches einer Zeitspanne $\Delta t = 1\,ms$ entspricht, gespeichert. Beträgt die gemittelte Strömänderung

$$\left|\frac{\Delta I}{\Delta t}\right| > 5\% \cdot \frac{I_{max}}{ms} = 0,4\,\frac{A}{ms} \qquad (7.18)$$

wird die globale Suche eingeleitet und die Werte im Ringspeicher gelöscht. Der Wert wurde anhand der Steigung des Stroms während den *Alleeversuchen* $\left|\frac{\Delta I}{\Delta t}\right| \approx 0,35\,\frac{A}{ms}$ ermittelt und aufgerundet.

7.1.8 Zykluszeit

Um einen ungünstigen Beharrungszustand bei keiner oder nur marginaler Stromänderung zu vermeiden (vgl. Abschnitt 6.2.2 und Abb. 6.2), wird eine Zykluszeit eingesetzt, die die globale Suche auch ohne detektierte Strom- und Energieänderungen initiiert. Die Versuchsauswertung im Abschnitt 6.2.2 zeigt, dass eine Zykluszeit von 100 ms als alleiniges Wiederaufnahmekriterium

Kapitel 7 Entwicklung eines optimierten MPPT-Algorithmus

der Suche bei hochdynamischen Änderungen der Umweltbedingungen nicht ausreicht.

Zur Festlegung einer Zykluszeit wurden die Kennliniensprünge mit dem mehrstufigen *top-down*-Algorithmus 2SMPPT und verschiedenen Zykluszeiten wiederholt. Mit der Zykluszeit 50 ms hat der 2SMPPT 81,57 % Wirkungsgrad, und mit der Zykluszeit 10 ms sogar 92,28 %. Wie die Leistung (dunkelgraue Linie) der maximalen Leistung (hellgraue Strich-Punkt-Linie) folgt, ist in der Abbildung 7.4 dargestellt.

Eine kleinere Zykluszeit als 10 ms ist bei einer Suchdauer in der Größenordnung 0,1 ms aber nicht unbedingt ratsam, weil dann die Suche mehr als 1 % der Zykluszeit dauert und dadurch das Regelergebnis signifikant beeinflusst werden kann. Die Zykluszeit wird zur Optimierung vorerst auf

$$zyklus = 10\,ms \qquad (7.19)$$

gesetzt.

Jedoch wird mit den anderen Wiederaufnahmekriterien die genaue Parametrierung noch überprüft.

7.2 Globaler MPPT-Algorithmus für hochdynamische Anwendungen

Die beiden Kernbestandteile des globalen MPPT-Algorithmus für hochdynamische Anwendungen (engl. *global high-dynamic MPPT algorithm*, GHDMPPT) sind die *globale Suche* und die *lokale Suche*. Die globale Suche ist eine Kombination aus dem *Kennlinienüberflug* des mehrstufigen *top-down*-Verfahrens und

7.2 Globaler MPPT-Algorithmus für hochdynamische Anwendungen

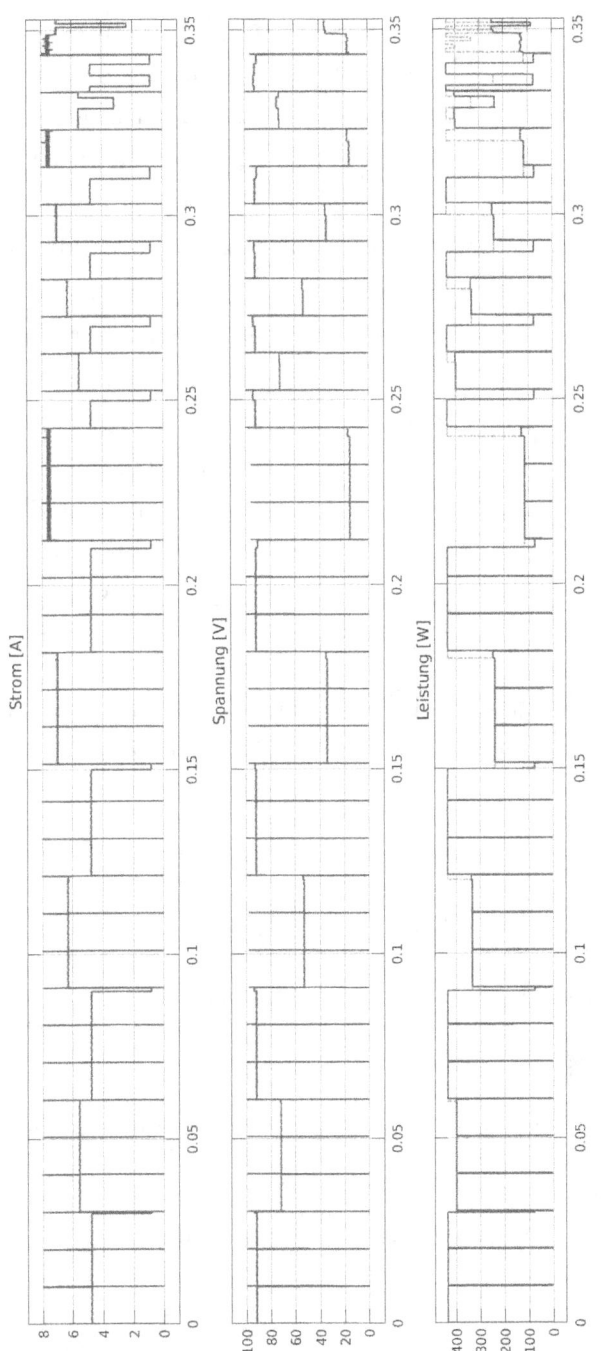

Abb. 7.4: Kennlieniensprung des 2SMPPT mit der Zykluszeit 10 ms

Kapitel 7 Entwicklung eines optimierten MPPT-Algorithmus

des Feuerwerkalgorithmus mit einer Einschränkung des Suchraums aufgrund der Erkenntnisse aus dem mehrstufigen *bottom-up*-Verfahrens zur Lage der lokalen Maxima. Während der globalen Suche wird die Kennlinie auf lokale Maxima durch Vorzeichenwechsel der Gradienten zwischen den benachbarten Individuen analysiert. Die lokale Suche basiert auf dem Gradientenverfahren der Methode der inkrementellen Konduktanz, welche zusätzlich Richtungswechsel erkennt und aufgrund dessen den MPP detektiert. Des Weiteren wird die Amplitude der Leistung während der Oszillation um den MPP berechnet. Mithilfe dieser und weiterer Informationen passen *Agenten* quasi-kontinuierlich die Parameter des Algorithmus an und entscheiden über die Wiederaufnahme der globalen Suche, um zu überprüfen, ob der Arbeitspunkt sich noch im globalen Maximum befindet und ihn ggf. anzupassen.

Agenten sind Programmteile mit „selbstorganisatorischen Fähigkeiten" und folgenden Eigenschaften, die in [Bog13, S. 14 f.] definiert werden:

- *autonom*: kein Eingriff von Außerhalb;
- *proaktiv*: selbständige Entscheidung;
- *reaktiv*: Reaktion auf Umweltveränderungen;
- *robust* gegen äußere Störeinflüsse;
- *adaptiv*: Anpassung der Einstellungen aufgrund Umwelteinflüsse;
- *kognitiv*: Lernen und Verbesserung seiner Fähigkeiten aufgrund Beobachtungen; und
- *sozial*: Informationsaustausch mit anderen Agenten.

7.2 Globaler MPPT-Algorithmus für hochdynamische Anwendungen

Die hier programmierten Agent sind verhältnismäßig simpel aufgebaut und verfügen hauptsächlich über autonome, proaktive, reaktive und robuste Eigenschaften. Der *Schrittweiten-Agent* passt die Schrittweite in Abhängigkeit der momentanen Leistung an. Der *Energie-Agent* registriert die Energieabweichung und damit langsame Umweltveränderungen, die bei Überschreitung eines Toleranzwerts zu der Wiederaufnahme der globalen Suche führen. Der *Strom-Agent* wertet die momentanen Stromänderungen und gemittelte bzw. kumulierte Stromänderungen über eine Millisekunde aus, um auf steile Flanken schnell reagieren zu können. Bei Überschreitung der definierten Grenzwerte wird ebenfalls eine erneute globale Suche initiiert.

Darüber hinaus wird der Algorithmus mit einer Zykluszeit versehen, damit die Möglichkeit besteht, einen ungünstigen Beharrungszustand ohne messbaren, signifikanten Stromänderungen zu verlassen. Nach Ablauf der Zykluszeit wird die globale Suche gestartet.

Die Versuche im Abschnitt 7.2.2 werden zeigen, dass die Methoden des GHDMPPT so effizient funktionieren, dass der optimierte Algorithmus GHDMPPT in der Gesamtwertung den anderen vorgestellten MPPT-Algorithmen mit deren getesteten Parametereinstellungen überlegen ist.

7.2.1 Modell

Der Funktionsblock (s. Abb. 7.5) hat die Eingänge U_{ein}, I_{ein}, *digit*, *n*, *kinder* und *zyklus*. An U_{ein} und I_{ein} werden die digitalisierten Messwerte der Regelstrecke übergeben. Mit *digit* wird der Ziffernschritt des Ausgangs und Stellbefehls U_{aus} in Volt festgelegt. Die Anzahl der mit Bypassdioden in Reihe geschalte-

Kapitel 7 Entwicklung eines optimierten MPPT-Algorithmus

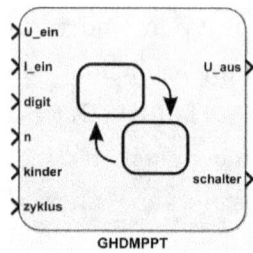

Abb. 7.5: GHDMPPT Funktionsblock

ten Solarmodule n und der Kindindividuen pro Elternindividuum *kinder* bestimmen die Gesamtpopulationsgröße. Die Zykluszeit wird mit *zyklus* in Mikrosekunden festgelegt. Der Ausgang *schalter* steuert den Schalter der Regelstrecke, um das Modell in den Leerlaufzustand zu versetzen.

Das Zustandsdiagramm (s. Abb. 7.6) ist in die beiden Kernalgorithmenteile der globalen und lokale Suche in den ebenso benannten übergeordneten Superstates unterteilt. Die globale Suche führt erst eine Messung der Leerlaufspannung im Superstate *Leerlaufmessung* durch. Danach werden im Superstate *Elternverteilung* die Spannungen der Elternindividuen gemäß der Lokalisierung der Umgebungen der lokalen Maxima festgelegt, worauf sich im Superstate *Kinderverteilung* die Kindindividuen randomisiert normalverteilt um die jeweiligen Elternindividuen positionieren. Der darauf folgenden Superstate *Leistungsmessung_ Vorzeichen* misst bei den jeweiligen Spannungen U_i die Stromstärken I_i, um die Leistungen P_i zu berechnen und den einzelnen Individuen zuzuordnen. Eventuelle Vorzeichenwechsel der Steigungen m_i werden zum Zweck der Kennlinienanalyse auf lokale Maxima erfasst. Abschließend lässt sich das Leistungsmaximum mit dessen Spannungsstelle ermitteln, welches als Startpunkt der lokalen Suche dient.

7.2 Globaler MPPT-Algorithmus für hochdynamische Anwendungen

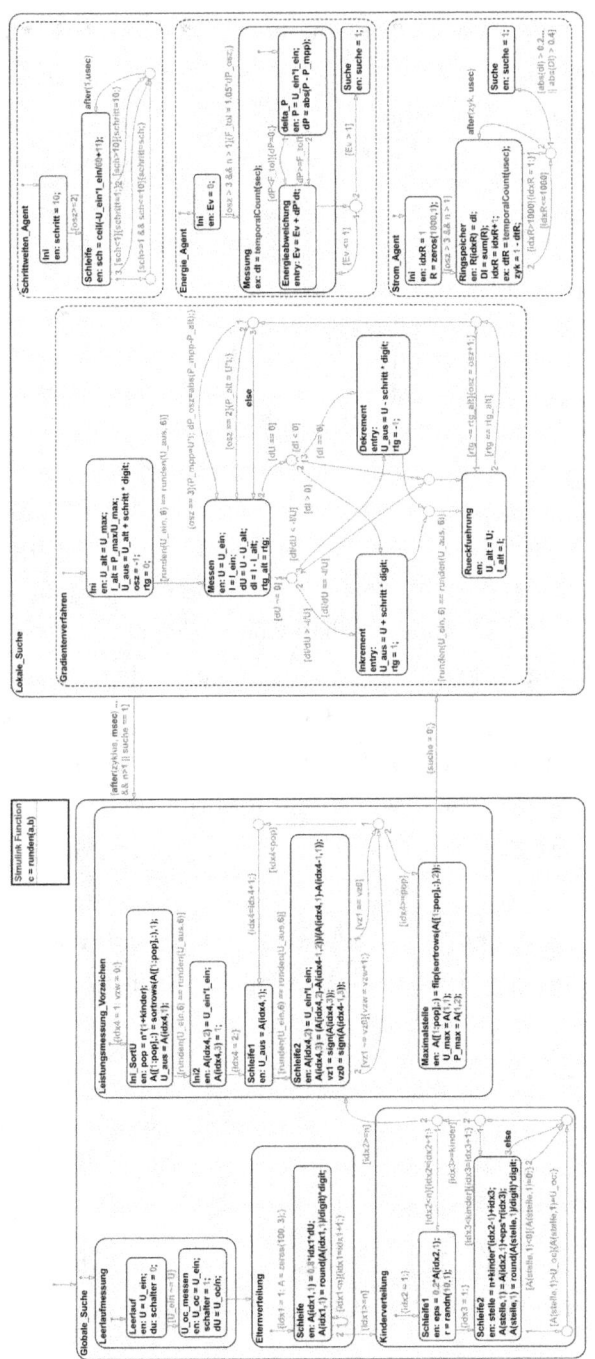

Abb. 7.6: GHDMPPT Zustandsdiagramm

Kapitel 7 Entwicklung eines optimierten MPPT-Algorithmus

Die Populationsmatrix $\boldsymbol{A}$ besteht aus maximal 100 Plätzen für die Individuen A_i, welche aus den Werten für die aktuelle Spannung U_i, die Leistung P_i und der Steigung m_i zum linken benachbarten Individuum $A_{(i-1)}$ auf der Generatorkennlinie bestehen:

$$\boldsymbol{A} = (a_{i,j}) : \{1, \ldots, 100\} \times \{1, 2, 3\}$$

$$mit\ A_i = \begin{pmatrix} a_{i,1} \\ a_{i,2} \\ a_{i,3} \end{pmatrix} = \begin{pmatrix} U_i \\ P_i \\ m_i \end{pmatrix} \qquad (7.20)$$

Die lokale Suche setzt sich aus den vier parallelen Superstates *Gradientenverfahren, Schrittweiten_ Agent, Energie_ Agent* und *Strom_ Agent* zusammen. Parallele Zustände sind mit einem gestrichelten Rand gekennzeichnet und quasi gleichzeitig aktiv. Wie oben beschrieben, basiert das Gradientenverfahren auf der Methode der inkrementellen Konduktanz, welche zusätzlich den MPP detektiert und die Oszillationsamplitude um den MPP berechnet. Die drei Agenten verändern abhängig von der Leistung, Energieänderungen und Stromänderungen die Parameter bzw. leiten eine erneute globale Suche ein. Spätestens nach der definierten Zykluszeit wird die globale Suche initiiert.

Der Programmablaufplan mit Pseudocode in Abb. 7.7 skizziert übersichtlich die Funktion und Wirkungsweise des optimierten Algorithmus GHDMPPT.

Aufgrund gewonnener Erkenntnisse aus während der Programmierung durchgeführten Funktionstests werden zwei Parameter angepasst:

7.2 Globaler MPPT-Algorithmus für hochdynamische Anwendungen

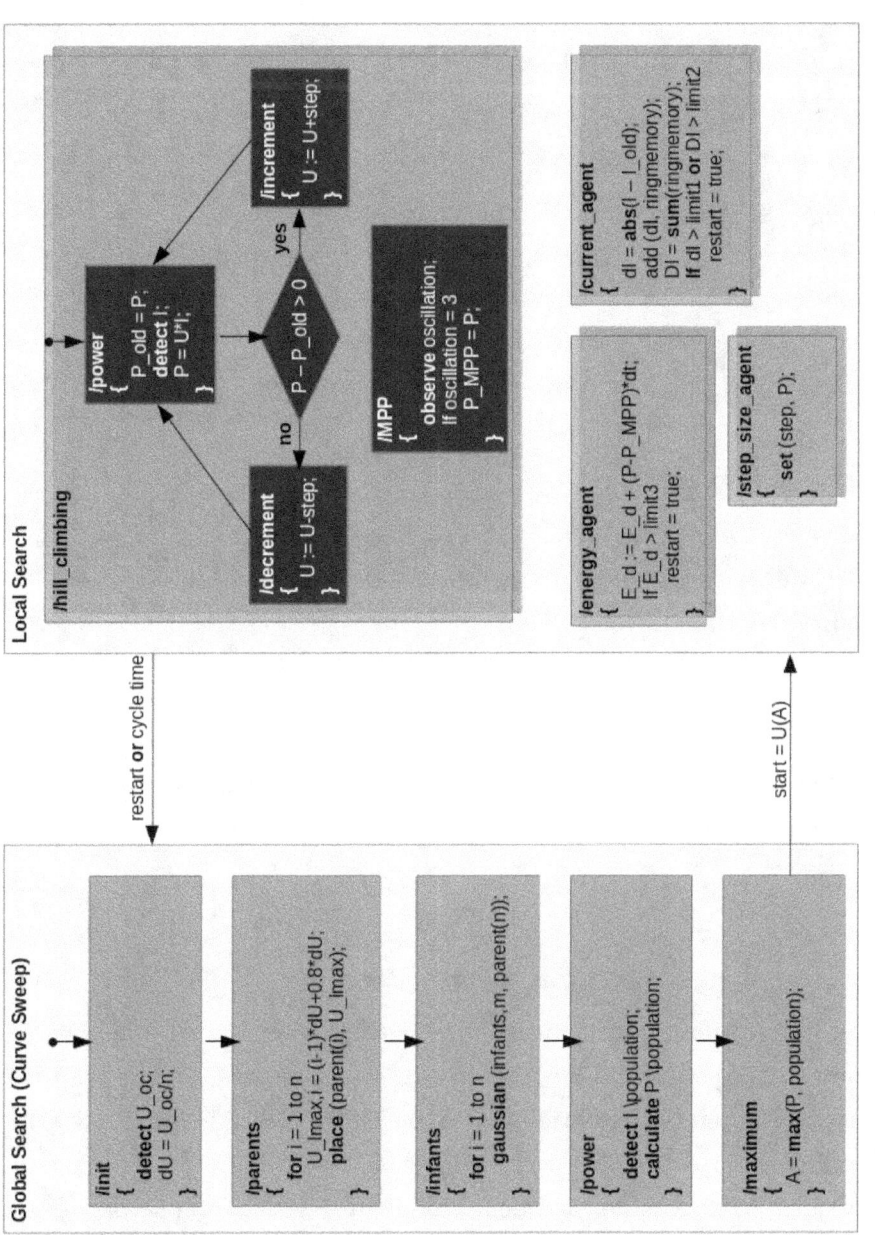

Abb. 7.7: GHDMPPT Programmablaufplan mit Pseudocode

Kapitel 7 Entwicklung eines optimierten MPPT-Algorithmus

Diversität der Elternindividuen

Um die Diversität der Elternindividuen zwecks Erkundung zu erhöhen, wird ε auf

$$\varepsilon = \pm 0,2 \cdot U_i \tag{7.21}$$

gesetzt, so dass sich für die Suchräume

$$\Omega_i = [0,80 \cdot U_i\,;\,1,2 \cdot U_i] \tag{7.22}$$

ergibt.

Toleranzwert der Energieabweichung

Die Funktionstests haben ergeben, dass der Algorithmus mit einem Toleranzwert von

$$E_{tol} = 1\,Ws \tag{7.23}$$

effizienter arbeitet. Mit $E_{tol,alt} = 2\,Ws$ führen langsame Veränderungen sehr spät zu einer Wiederaufnahme der globalen Suche.

7.2.2 Versuche

Um den optimierten Algorithmus GHDMPPT mit den anderen vorgestellten MPPT-Algorithmen zu vergleichen, werden die Versuchsverfahren des Kapitels 4 ebenso an dem GHDMPPT durchgeführt. Zum Zweck der Vergleichbarkeit bleibt die Referenzenergie, also die maximale Energie aus den *Alleeversuchen* im Kapitel 6, bestehen, so dass hier die Relationen r teilweise größer als 100 % betragen.

7.2 Globaler MPPT-Algorithmus für hochdynamische Anwendungen

An dem GHDMPPT werden sechs verschiedene Parametereinstellungen getestet, anhand deren sich überwiegend das Verhalten bei unterschiedlicher Individuenanzahl und Zykluszeit untersuchen lässt, s. Tabelle 7.1. Die zweite Parametereinstellung ist mit $n = 1$ ein Sonderfall. Hiermit wird das Verhalten des GHDMPPT untersucht, wenn nur ein Maximum angenommen wird.

Die Ergebnisse der Versuche befinden sich zusammengefasst in der Tabelle 7.2 und ausführlich in den Tabellen B.8 bis B.11 im Tabellenanhang.

Ergebnisanalyse

Die Versuche zeigen, dass der optimierte Algorithmus mit der vorgewählten Parametrierung GHDMPPT (1) aus den Optimierungsansätzen mit dem Wirkungsgrad 94,12 % rund 8 Prozentpunkte effektiver als die leistungsstärksten populationsbasierten Algorithmen arbeitet. Durch eine Erhöhung der Zykluszeit sinkt der Wirkungsgrad. Die Erhöhung der Population von 30 auf 45 Individuen wirkt sich nur minimal mit -0,116 Prozentpunkten aus. Jedoch die Senkung der Individuenanzahl von 30 auf 20 verursacht eine Wirkungsgraderhöhung von rund einem Prozentpunkt. Damit ist der GHDMPPT mit der Parametereinstellung (5) der effektivste Algorithmus in der Gesamtwertung und hat eine Wirkungsgrad von 95,15 %.

Signifikant ist, dass der GHDMPPT mit beinahe jeder hier getesten Parametrierung besser als die vorher getesteten MPPT-Algorithmen in der Gesamtwertung ist. Die Ausnahme bildet der Sonderfall GHDMPPT (2), dessen Parametereinstellung für Kennlinien mit nur einem Maximum ausgelegt ist. Doch auch hier lässt sich erkennen, dass der GHDMPPT (2) etwas besser

Algorithmus	Modulanzahl n	Individuen	Zykluszeit [µs]
GHDMPPT (1)	5	30	10
GHDMPPT (2)	1	6	(10)
GHDMPPT (3)	5	30	20
GHDMPPT (4)	5	30	50
GHDMPPT (5)	5	20	10
GHDMPPT (6)	5	45	10

Tabelle 7.1: Parameter des GHDMPPT für die Versuche

Algorithmus	$\mu_{MPPTges,olM}$	$\mu_{MPPTges,mlM}$	$\mu_{MPPTges}$
GHDMPPT (1)	99,1500	94,9220	**94,1151**
GHDMPPT (2)	***99,8130***	77,1791	77,0348
GHDMPPT (3)	99,2700	93,0189	**92,3398**
GHDMPPT (4)	99,3213	91,0189	**90,6154**
GHDMPPT (5)	99,3254	95,7994	***95,1531***
GHDMPPT (6)	98,8742	95,0693	**93,9989**
GA kom (22)	99,6081	86,8682	**86,5278**
PSO gb (15)	99,5797	86,0585	**85,6968**
FWA (33)	99,6096	85,6550	**85,3206**
BFO rand (55)	99,4467	85,6583	**85,1843**
2SMPPT	99,7747	83,5692	**83,3809**

Tabelle 7.2: Resultate der GHDMPPT-Versuche inkl. Vergleichswerte: μ in %

7.2 Globaler MPPT-Algorithmus für hochdynamische Anwendungen

als die vorher getesteten MPPT-Algorithmen in seiner Kategorie ist.

Die Diagramme Abb. 7.8 und Abb. 7.9 zeigen, dass die globale Suche in den linken Diagrammteilen bei den langsameren Leistungsänderungen ausschließlich durch die abgelaufene Zykluszeit aber in den rechten Teilen bei den schnelleren Leistungsänderungen agentengesteuert initiiert wird. Der Anfang des überwiegend agentengesteuerten Bereichs ist in den Diagrammen jeweils mit einem hellgrauen Pfeil gekennzeichnet. An den mit einem schwarzen Pfeil markierten, exemplarischen Stellen weist der Algorithmus optimierungsbedürftige Zustände auf. Damit der Algorithmus der Kennlinie noch besser folgt, bestünde die Möglichkeit, die Agenten mit zusätzlichen adaptiven, kognitiven und sozialen Eigenschaften zu versehen, die die Parametereinstellung noch intelligenter an die vorliegende Generatorkennlinie und die vorherrschende Umweltdynamik anpassen.

Kapitel 7 Entwicklung eines optimierten MPPT-Algorithmus

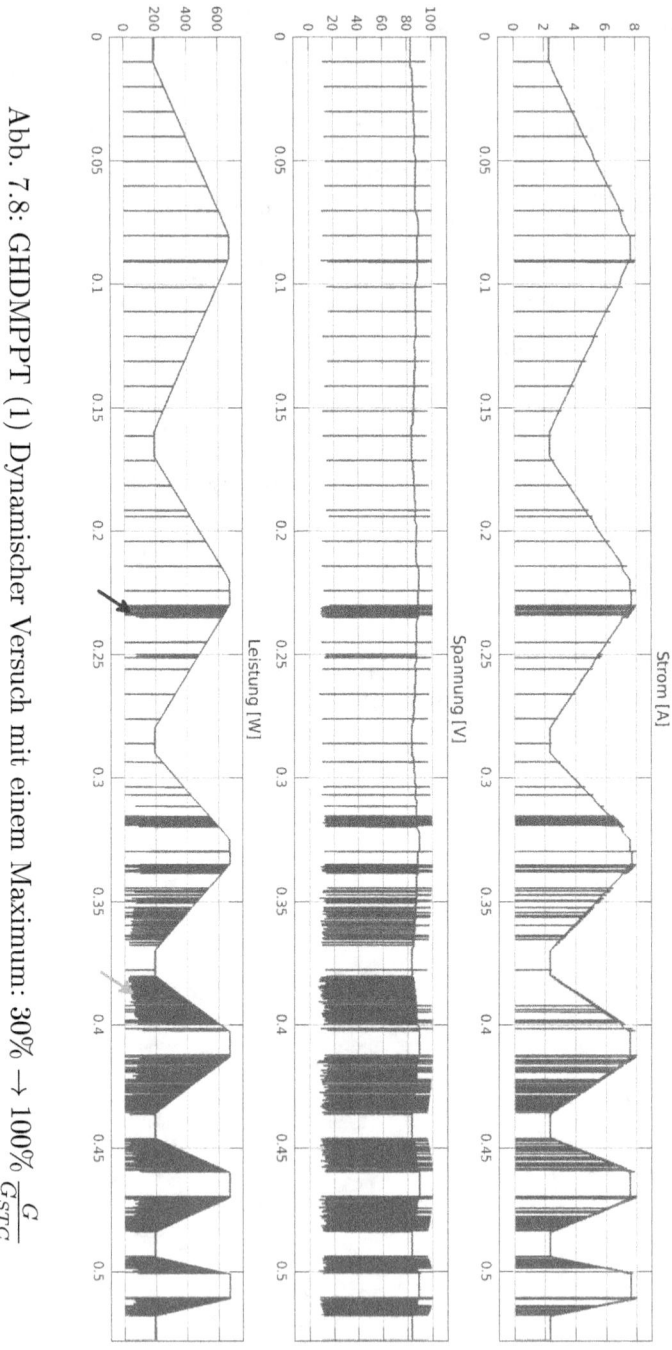

Abb. 7.8: GHDMPPT (1) Dynamischer Versuch mit einem Maximum: $30\% \to 100\% \frac{G}{G_{STC}}$

7.2 Globaler MPPT-Algorithmus für hochdynamische Anwendungen

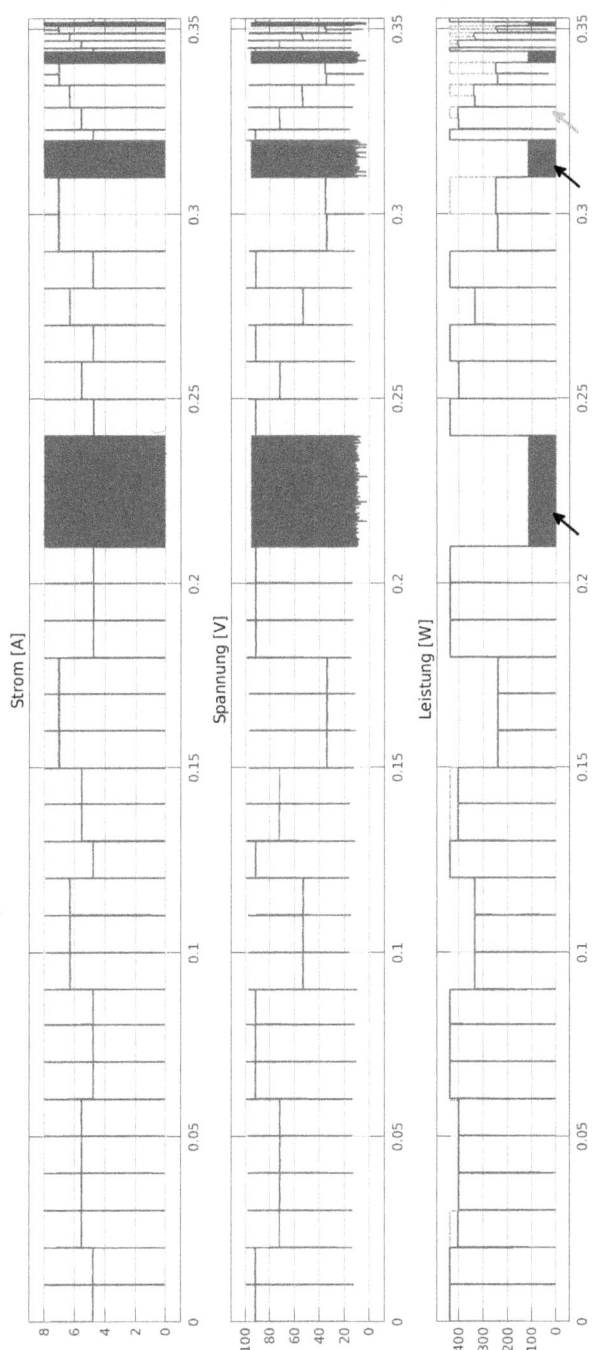

Abb. 7.9: GHDMPPT (1) Dynamischer Versuch mit mehreren lokalen Maxima: Kennliniensprünge

Kapitel 7 Entwicklung eines optimierten MPPT-Algorithmus

Schlussfolgerung

Die Simulationsergebnisse haben das *No-Free-Lunch*-Theorem und die *Free-Appetizer*-Betrachtung empirisch nachgewiesen. Des Weiteren wurde dargelegt, dass Algorithmenoptimierung problembezogen sowohl durch Parametereinstellung als auch durch die Einbindung und Kombination überlegener Verfahren *(Free Appetizers)* funktioniert.

Durch die Analyse der hier vorgestellten MPPT-Algorithmen und Optimierungsverfahren hat sich herausgestellt, dass für die Regelung von Solargeneratoren ohne Bypassdioden, wessen Kennlinien nur ein Maximum haben, Referenzmethoden oder die Standardgradientenverfahren mit ca. 99,5 % Wirkungsgrad durchaus auch für dynamische Anwendungen in Betracht kommen. Ist jedoch davon auszugehen, dass die Kennlinie eines Solargenerators mit Bypassdiodenschaltung durch unterschiedliche Einstrahlungen und Temperatureinflüsse mehrere lokale Maxima aufweist, müssen Optimierungsstrategien in Erwägung gezogen werden, die das globale Maximum von kleineren lokalen Maxima zu unterscheiden vermögen. Die populationsbasierten Verfahren weisen ebenfalls bei den Kennlinien mit nur einem Maximum einen Wirkungsgrad von ca. 99,5 % auf. Jedoch in der Gesamtwertung liegen sie mit rund 85 % deutlich über dem Gesamtwirkungs-

Schlussfolgerung

grad der Referenzmethoden und Standardgradientenverfahren (44...73 %). Daher bieten populationsbasierte Verfahren einen soliden Ausgangspunkt für Optimierungsmaßnahmen.

Anhand der gewonnenen Erkenntnisse ließ sich ein Optimierungsverfahren für MPPT-Algorithmen konstruieren, mithilfe dessen der *globale MPPT-Algorithmus für hochdynamische Anwendungen* (GHDMPPT) exemplarisch entwickelt wurde. Die Simulationsergebnisse zeigen signifikante Optimierungserfolge: Der speziell für ein Maximum parametrierte GHDMPPT(2) erreicht mit 99,8 % einen leicht höheren Wirkungsgrad als die Standardverfahren. Alle anderen fünf getesteten, auf mehrere Maxima parametrierten GHDMPPTs weisen deutlich höhere Gesamtwirkungsgrade in dem Bereich von 90,6 bis 95,1 % auf, welche sich um rund +5 bis +10 Prozentpunkte von den besten Ergebnissen der populationsbasierten Algorithmen unterscheiden.

Jedoch ist an dieser Stelle anzumerken, dass sich die hier ermittelten Wirkungsgrade und durch Algorithmenoptimierung erzielten Verbesserungen auf die Versuchsbedingungen beziehen. Dadurch dass Algorithmenoptimierung prinzipiell problemspezifisch ist, wirkt sich jede Veränderung der Rahmenbedingungen auf die Optimierung aus, insbesondere die Komponenten der Regelstrecke, die Verschaltung der Solarmodule, die geometrische Anordnung der Solarmodule und die Fahrweise des Solarfahrzeugs.

Infolgedessen ist die Entwicklung eines ultimativen, universaloptimierten MPPT-Algorithmus generell nicht realisierbar, und weitere Optimierungen des Algorithmus am hier verwendeten Simulationsmodell sind nicht zielführend. Das theoretische, durch Annahmen gestützte Modell muss also zur weiteren Algorithmenoptimierung den real verwendeten Komponenten angenähert werden.

Bemerkung

Die Abtastrate des realen MPPT muss an die Bauteileigenschaften der verwendeten Komponenten angepasst werden. Bei sprunghaften, hohen und hochfrequenten Spannungsänderungen müssen insbesondere kapazitiven Effekte berücksichtigt werden.

Schlussfolgerung

Anhang A

Abbildungen

Anhang A Abbildungen

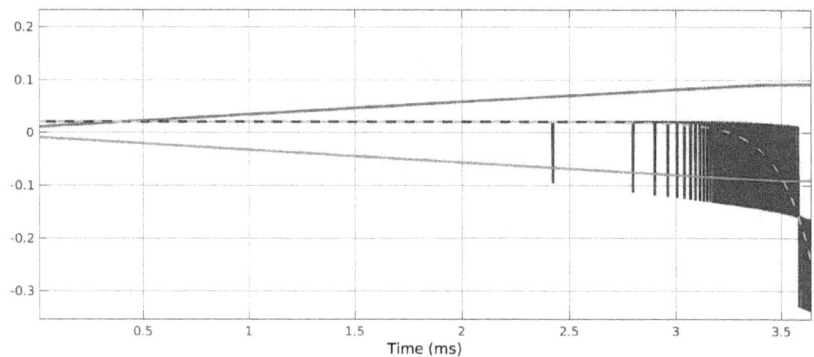

(a) Schrittweite: 1 *digit*

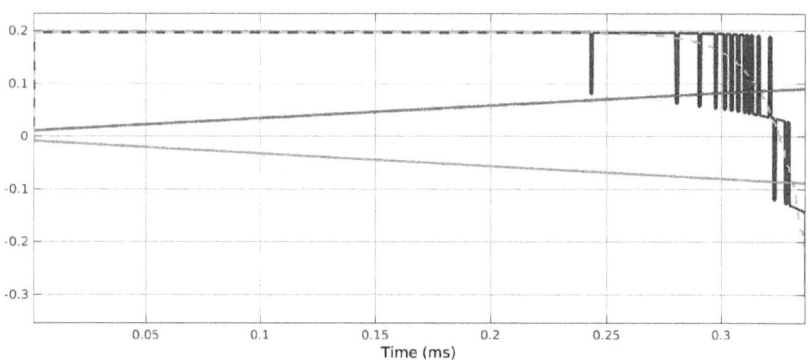

(b) Schrittweite: 10 *digit*

Abb. A.1: Darstellung des sekundären Quantisierungsfehlers bei $G = 100\,\frac{W}{m^2}$

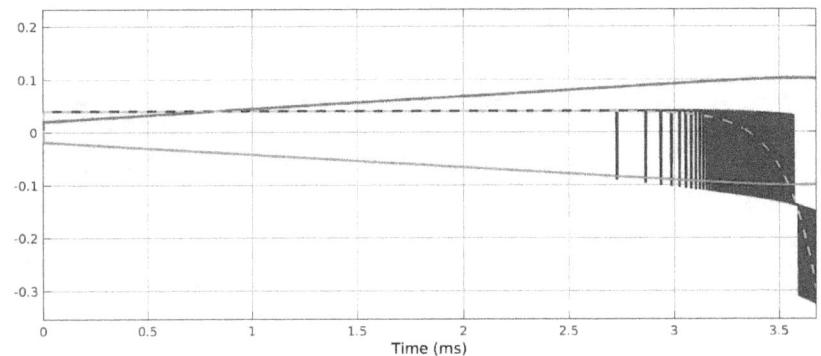

(a) Schrittweite: 1 *digit*

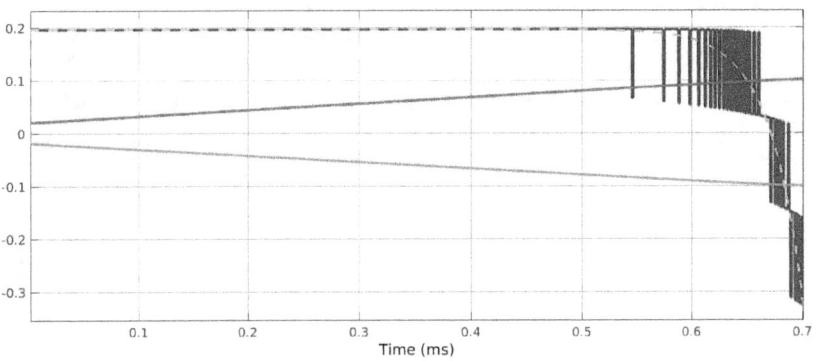

(b) Schrittweite: 5 *digit*

Abb. A.2: Darstellung des sekundären Quantisierungsfehlers bei $G = 200\,\frac{W}{m^2}$

Anhang A Abbildungen

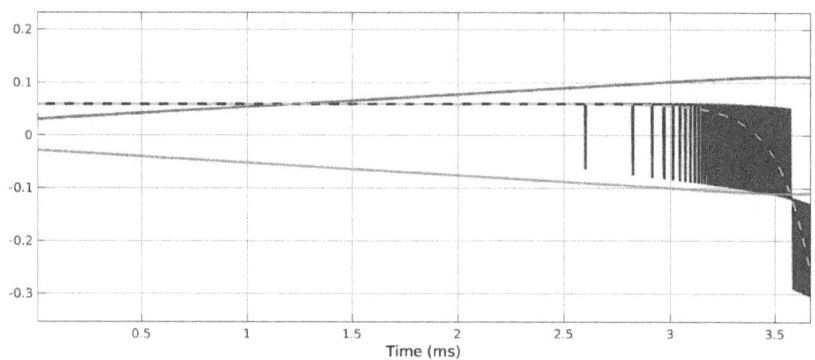

(a) Schrittweite: 1 *digit*

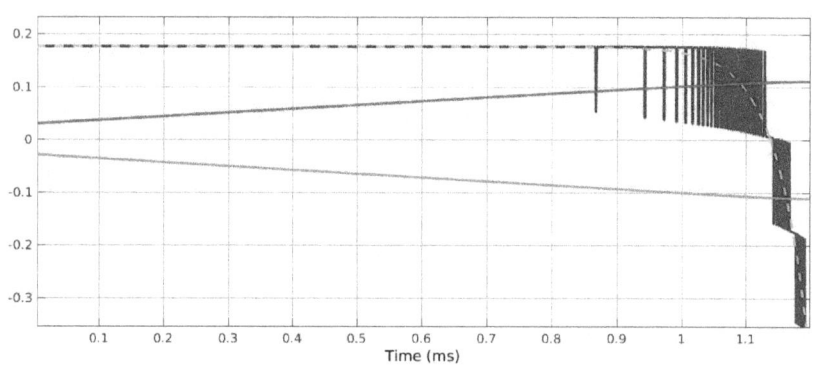

(b) Schrittweite: 3 *digit*

Abb. A.3: Darstellung des sekundären Quantisierungsfehlers bei $G = 300\,\frac{W}{m^2}$

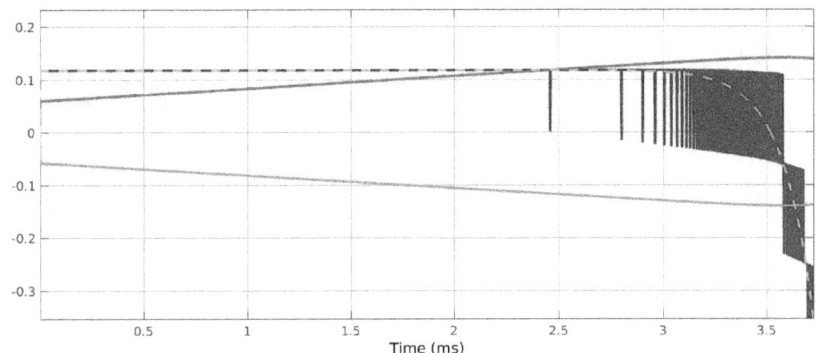

(a) Schrittweite: 1 *digit*

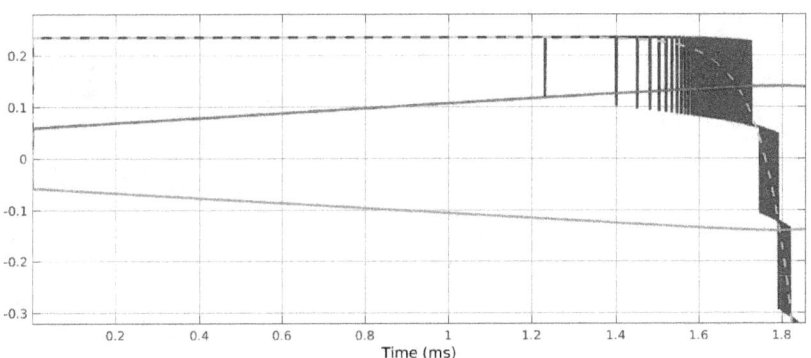

(b) Schrittweite: 2 *digit*

Abb. A.4: Darstellung des sekundären Quantisierungsfehlers bei $G = 600\,\frac{W}{m^2}$

Anhang A Abbildungen

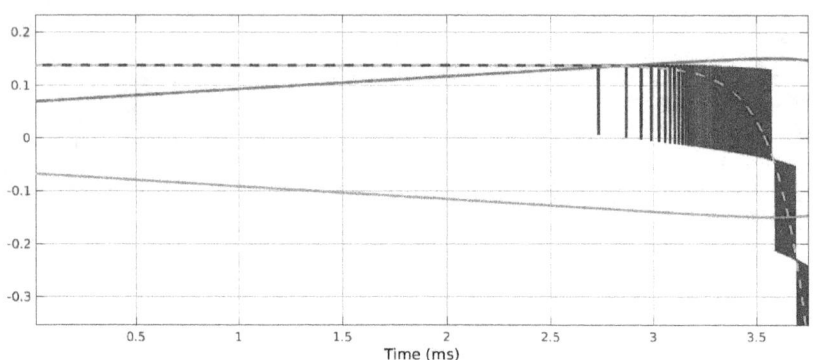

(a) Schrittweite: 1 *digit*

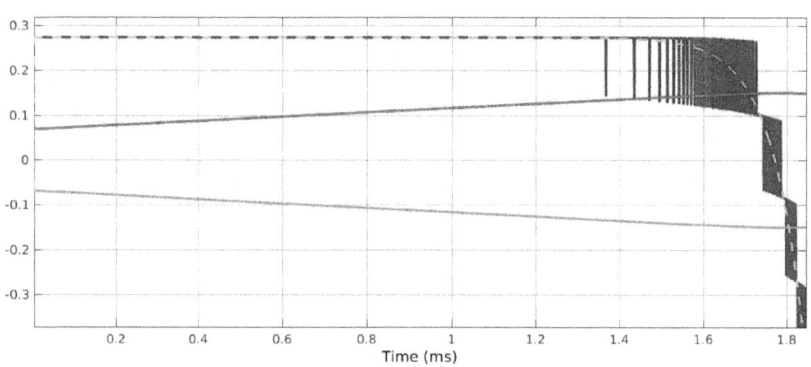

(b) Schrittweite: 2 *digit*

Abb. A.5: Darstellung des sekundären Quantisierungsfehlers bei $G = 700 \frac{W}{m^2}$

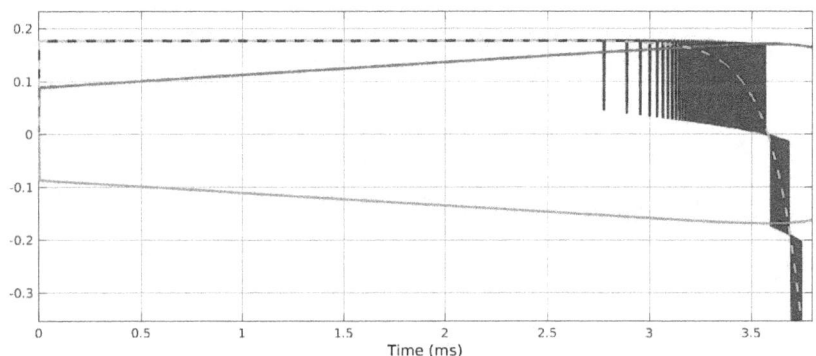

(a) Schrittweite: 1 *digit*

Abb. A.6: Darstellung des sekundären Quantisierungsfehlers bei $G = 900 \, \frac{W}{m^2}$

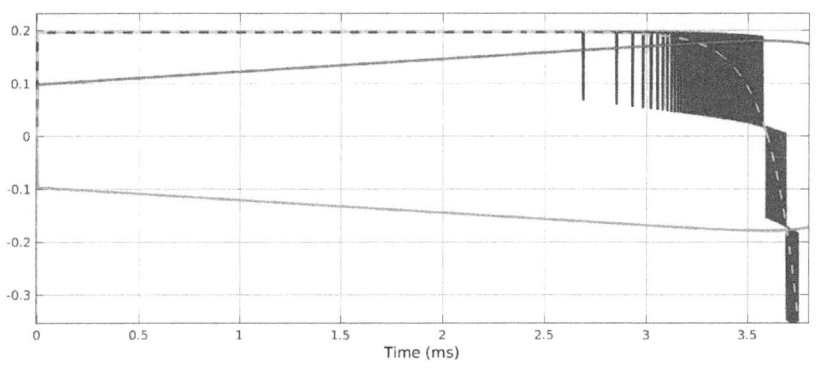

(a) Schrittweite: 1 *digit*

Abb. A.7: Darstellung des sekundären Quantisierungsfehlers bei $G = 1000 \, \frac{W}{m^2}$

Anhang A Abbildungen

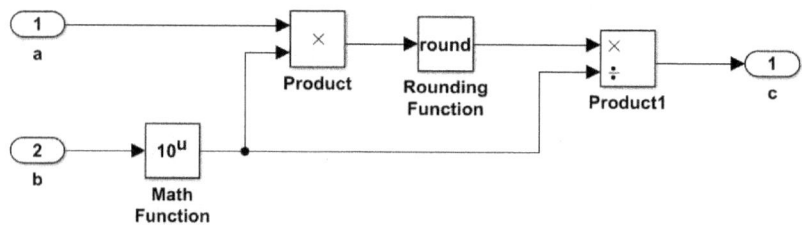

Abb. A.8: Simulink-Funktion *runden*: Eine Dezimalzahl a wird auf b Nachkommastellen gerundet.

Anhang B

Tabellen

Anhang B Tabellen

G [W/m²]	100			200			300		
digits	P_max^	-dp	ØP_max	P_max^	-dp	ØP_max	P_max^	-dp	ØP_max
1	47,3704	0,0389	47,3510	106,4696	0,0768	106,4312	152,3040	0,1167	152,2457
2	47,3704	0,0778	47,3315	106,4696	0,1538	106,3927	152,3040	0,2333	152,1874
3	47,3899	0,1167	47,3316	106,5464	0,2307	106,4311	191,0826	0,0330	191,0661
4	47,4093	0,1556	47,3315	123,3153	0,1848	123,2229	190,9578	0,0904	190,9126
5	47,4482	0,1945	47,3510	**125,0145**	**0,0046**	**125,0122**	190,2331	0,2348	190,1157
6	54,5744	0,2227	54,4631	124,8326	0,1210	124,7721	**191,0935**	**0,0663**	**191,0604**
7	56,4356	0,2464	56,3124	124,8824	0,1275	124,8187	**191,1026**	**0,0183**	**191,0935**
8	60,2967	0,1059	60,2438	124,6652	0,2134	124,5585	190,9578	0,2004	190,8576
9	60,4394	0,0761	60,4014	125,0101	0,0731	124,9736	191,1045	0,0549	191,0771
10	**60,4508**	**0,0627**	**60,4195**	125,0145	0,0155	125,0068	191,1038	0,0915	191,0581
15	60,4393	0,1252	60,3767	125,0098	0,0503	124,9847	191,0944	0,0935	191,0477
20	60,4651	0,1240	60,4031	125,0043	0,1069	124,9509	191,0935	0,1785	191,0043
50	60,4670	0,2084	60,3628	125,0145	0,3445	124,8423	191,0758	0,6320	190,7598
P_mpp			60,4679			125,1985			191,1050

G [W/m²]	600			700			900		
digits	P_max^	-dp	ØP_max	P_max^	-dp	ØP_max	P_max^	-dp	ØP_max
1	288,3822	0,2342	288,2651	392,0072	0,2703	391,8721	602,1450	0,0000	602,1450
2	394,3055	0,0667	394,2722	462,3650	0,1605	462,2848	602,2425	0,0976	602,1937
3	394,4712	0,0224	394,4600	462,2012	0,1229	462,1398	602,1708	0,0000	602,1708
4	394,3055	0,1440	394,2335	**463,3766**	**0,0850**	**463,3341**	602,2853	0,1951	602,1878
5	394,4705	0,0180	394,4615	463,0066	0,2862	462,8635	**602,4363**	**0,1510**	**602,3608**
6	**394,4718**	**0,0082**	**394,4677**	463,2521	0,2456	463,1293	602,3584	0,2682	602,2243
7	394,4684	0,1069	394,4150	463,4009	0,0316	463,3851	602,3417	0,3409	602,1713
8	394,4695	0,0630	394,4380	463,3965	0,1724	463,3103	602,4747	0,1895	602,3800
9	394,4712	0,0446	394,4489	**463,3961**	**0,0076**	**463,3923**	**602,4606**	**0,1022**	**602,4095**
10	394,4695	0,1080	394,4155	463,4017	0,1828	463,3103	602,4776	0,1924	602,3814
15	394,4524	0,1907	394,3571	463,4017	0,1058	463,3488	**602,4549**	**0,2840**	**602,3129**
20	394,4695	0,2078	394,3656	**463,4017**	**0,1776**	**463,3129**	602,4776	0,2767	602,3393
50	394,3615	1,4070	393,6580	463,3610	1,7830	462,4695	602,2009	3,2010	600,6004
P_mpp			394,4727			463,4022			602,4792

G [W/m²]	1000		
digits	P_max^	-dp	ØP_max
1	**672,5301**	**0,0067**	**672,5268**
2	672,5315	0,0132	672,5249
3	672,5315	0,0271	672,5180
4	672,5304	0,0263	672,5173
5	672,5316	0,0572	672,5030
6	672,5315	0,0991	672,4820
7	672,5241	0,0630	672,4926
8	672,5274	0,0663	672,4943
9	673,5235	0,0911	673,4780
10	672,5183	0,1195	672,4586
15	672,5126	0,2619	672,3817
20	672,5126	0,4214	672,3019
50	672,5126	2,2250	671,4001
P_mpp			672,5319

Tabelle B.1: Auswirkungen des sekundären Quantisierungsfehlers auf die Regelungsergebnisse in Abhängigkeit von der Einstrahlung G und der Schrittweite in digits. $P\_max^\wedge$ ist der Spitzenwert, dp die Oszillationsamplitude, $ØP\_max$ der Mittelwert des Regelungsergebnisses und P_mpp der reale MPP in Watt.

Algorithmus	$\tau_{100\%}$	$\mu_{5\%}$	$\mu_{10\%}$	$\mu_{20\%}$	$\mu_{30\%}$	$\mu_{50\%}$	$\mu_{100\%}$	μ_{EUR}	μ_{CEC}
FOCV	2	99,9932	99,9942	99,9996	99,9987	99,9951	99,9970	**99,9963**	**99,9964**
Brute Force	8192	96,7646	96,6669	96,5638	96,5001	99,4184	96,3166	96,4504	96,4742
P&O	717	86,3345	99,7693	99,8384	99,8197	99,8189	99,8216	**99,4145**	**99,2797**
INC	716	86,3349	99,7699	99,8386	99,8198	99,8189	99,8216	**99,4146**	**99,2798**
3PWC	1432	86,1437	99,6019	99,6772	99,6502	99,6469	99,6467	**99,2433**	**99,1088**
2SMPPT	105	99,9350	99,7257	99,9130	99,9457	99,9391	99,9445	**99,9245**	**99,9268**
NGMPPT	719	92,9323	99,6135	99,6767	99,6550	99,6502	99,6477	**99,4499**	**99,3837**
GA int (15)	>2000	99,9734	99,9897	99,9812	99,9918	99,9861	99,9895	**99,9865**	**99,9866**
GA int (22)	>2000	99,9802	99,9569	99,9882	99,9865	99,9834	99,9867	**99,9833**	**99,9833**
GA int (33)	276	99,9772	99,9821	99,9832	99,9816	99,9784	99,9817	**99,9802**	**99,9800**
GA int (55)	340	99,9628	99,9724	99,9736	99,9718	99,9686	99,9720	**99,9703**	**99,9700**
GA ext (15)	>2000	99,9847	99,9917	99,9851	99,9944	99,9910	99,9913	**99,9905**	**99,9908**
GA ext (22)	>2000	99,9800	99,9896	99,9933	99,9915	99,9859	99,9892	**99,9881**	**99,9881**
GA ext (33)	204	99,9763	99,9859	99,9895	99,9854	99,9822	99,9855	**99,9842**	**99,9839**
GA ext (55)	263	99,9687	99,9783	99,9794	99,9777	99,9745	99,9778	**99,9762**	**99,9759**
GA kom (15)	>2000	99,5019	99,5001	99,5470	99,5158	99,5189	99,2766	**99,4721**	**99,5079**
GA kom (22)	203	99,9842	99,9886	99,9900	99,9881	99,9855	99,9890	**99,9872**	**99,9869**
GA kom (33)	279	99,9363	99,9225	99,9868	99,9842	99,9813	99,9838	**99,9749**	**99,9740**
GA kom (55)	307	99,9718	99,9743	99,9781	99,9751	99,9732	99,9763	**99,9747**	**99,9743**
PSO lb (15)	867	99,9825	99,9312	99,9399	99,9379	99,9345	99,9377	**99,9344**	**99,9338**
PSO lb (22)	1663	99,8694	99,8672	99,8754	99,8736	99,8727	99,8724	**99,8727**	**99,8728**
PSO lb (33)	>2000	99,7495	99,7607	99,7600	99,7547	99,7543	99,7489	**99,7542**	**99,7549**
PSO lb (55)	>2000	99,6382	99,6473	99,6475	99,6454	99,6445	99,6418	**99,6444**	**99,6448**
PSO gb (15)	514	99,9647	99,9682	99,9615	99,9675	99,9631	99,9642	**99,9639**	**99,9642**
PSO gb (22)	717	99,9479	99,9536	99,9473	99,9533	99,9441	99,9525	**99,9478**	**99,9475**

Tabelle B.2: Statische Versuche (Teil 1.1): τ in μs und μ in %

Anhang B Tabellen

Algorithmus	Kennlinien mit mehreren lokalen Maxima					
	μ_0	μ_1	μ_2	μ_3	μ_4	μ_{ges}
FOCV	95,8360	17,1801	20,4876	28,4876	57,6601	43,9260
Brute Force	96,9657	96,0367	96,0827	96,4744	94,4153	95,9750
P&O	29,2332	31,1767	36,8009	50,3797	53,1368	40,1455
INC	29,2332	31,1767	36,8009	50,3797	53,1368	40,1455
3PWC	29,2170	31,1477	36,7642	50,3452	53,1162	40,1181
2SMPPT	99,9261	99,9121	99,9181	99,9133	97,0885	99,3516
NGMPPT	99,8002	91,7289	99,7444	99,7702	93,2792	96,8646
GA int (15)	./.	./.	./.	./.	./.	./.
GA int (22)	./.	./.	./.	./.	./.	./.
GA int (33)	99,9821	99,9773	99,9710	99,9771	97,1381	99,4091
GA int (55)	99,9732	99,9661	99,9607	99,9662	97,1300	99,3992
GA ext (15)	./.	./.	./.	./.	./.	./.
GA ext (22)	./.	./.	./.	./.	./.	./.
GA ext (33)	99,9850	99,9835	99,9759	99,9833	97,1411	99,4138
GA ext (55)	99,9774	99,9770	99,9682	99,9724	97,1168	99,4024
GA kom (15)	./.	./.	./.	./.	./.	./.
GA kom (22)	99,9875	99,9850	99,9766	99,9839	97,1447	99,4155
GA kom (33)	99,9857	99,9788	99,9781	99,9782	97,1417	99,4125
GA kom (55)	./.	./.	./.	./.	./.	./.
PSO lb (15)	99,9396	99,9361	99,9228	99,9134	97,1027	99,3629
PSO lb (22)	99,8759	99,8628	99,8461	99,8272	97,0519	99,2928
PSO lb (33)	./.	./.	./.	./.	./.	./.
PSO lb (55)	./.	./.	./.	./.	./.	./.
PSO gb (15)	99,9669	99,9462	99,9396	99,9246	97,1242	99,3803
PSO gb (22)	99,9539	99,9076	99,9079	99,8912	97,1069	99,3535

Tabelle B.3: Statische Versuche (Teil 1.2): τ in μs und μ in %

Algorithmus	$\tau_{100\%}$	$\mu_{5\%}$	$\mu_{10\%}$	$\mu_{20\%}$	$\mu_{30\%}$	$\mu_{50\%}$	$\mu_{100\%}$	μ_{EUR}	μ_{CEC}
				Kennlinien mit einem Maximum					
PSO gb (33)	**932**	99,9266	99,9324	99,9357	99,9333	99,9303	99,9301	**99,9313**	**99,9315**
PSO gb (55)	**1313**	99,8869	99,8912	99,8841	99,8922	99,8804	99,9975	**99,8843**	**99,8845**
PSO gb iw (15)	>2000	70,6727	78,9239	99,7624	79,4828	83,4686	95,6152	**86,9610**	**84,4551**
PSO gb iw (22)	>2000	99,5715	37,0313	89,4478	99,7098	99,7009	99,7178	**94,6082**	**95,3346**
PSO gb iw (33)	>2000	99,5598	99,4850	99,5272	92,8325	87,3083	97,4936	**92,5844**	**91,5428**
PSO gb iw (55)	>2000	1,3791	1,4255	0,6533	99,5569	99,5821	99,5802	**77,8830**	**78,8693**
PSO gb c (15)	**414**	99,9554	99,9535	99,9651	99,9628	99,9576	99,9603	**99,9593**	**99,9594**
PSO gb c (22)	**701**	99,8628	99,9457	99,9387	99,9441	99,9455	99,9453	**99,9420**	**99,9411**
PSO gb c (33)	**886**	99,9021	99,9082	99,9095	99,9074	99,9042	99,9103	**99,9066**	**99,9059**
PSO gb c (55)	**1236**	99,8482	99,8575	99,8577	99,8547	99,8513	99,8560	**99,8537**	**99,8532**
BFO rand (15)	>2000	99,8450	99,7949	99,8325	99,8465	99,8805	99,8860	**99,8658**	**99,8662**
BFO rand (22)	>2000	98,5823	99,7944	99,8990	99,9095	99,9141	99,9058	**99,8629**	**99,8517**
BFO rand (33)	>2000	99,4382	98,1124	99,5631	98,9704	99,9154	98,7920	**99,4279**	**99,5093**
BFO rand (55)	**1111**	99,8461	99,8869	99,8930	99,8954	99,8881	99,8907	**99,8887**	**99,8886**
BFO gew (15)	>2000	99,5484	99,8300	99,7618	99,7682	99,7645	99,8213	**99,7733**	**99,7624**
BFO gew (22)	>2000	99,8897	99,8930	99,8708	99,8740	99,8646	99,8531	**99,8665**	**99,8691**
BFO gew (33)	>2000	99,8717	99,8951	99,8968	97,6324	99,8148	99,9131	**99,6334**	**99,3775**
BFO gew (55)	**1136**	99,8070	99,8955	99,8942	99,8975	99,8941	99,8906	**99,8912**	**99,8912**
BFO gb (15)	**301**	99,9294	99,9598	99,9633	99,9508	99,9470	99,9125	**99,9428**	**99,9480**
BFO gb (22)	**435**	99,6927	99,7674	99,6857	99,7142	99,6400	99,5397	**99,6425**	**99,6645**
BFO gb (33)	**650**	99,9272	99,9334	99,9171	99,9346	99,9289	99,9321	**99,9288**	**99,9290**
BFO gb (55)	**1083**	99,8793	99,8808	99,8895	99,8877	99,8818	99,8876	**99,8844**	**99,8841**
FWA (15)	**73**	99,9807	99,9903	99,9933	99,9918	99,9766	99,9440	**99,9747**	**99,9810**
FWA (22)	**209**	99,9803	99,9804	99,9910	99,9893	99,9861	99,9861	**99,9865**	**99,9868**
FWA (33)	**111**	99,9792	99,9888	99,9925	99,9883	99,9851	99,9884	**99,9871**	**99,9868**
FWA (55)	**553**	99,9285	99,9855	99,9868	99,9849	99,9820	99,9847	**99,9821**	**99,9814**

Tabelle B.4: Statische Versuche (Teil 2.1): τ in μs und μ in %

Anhang B Tabellen

Algorithmus	μ_0	μ_1	μ_2	μ_3	μ_4	μ_{ges}
PSO gb (33)	./.	./.	./.	./.	./.	./.
PSO gb (55)	./.	./.	./.	./.	./.	./.
PSO gb iw (15)	./.	./.	./.	./.	./.	./.
PSO gb iw (22)	./.	./.	./.	./.	./.	./.
PSO gb iw (33)	./.	./.	./.	./.	./.	./.
PSO gb iw (55)	./.	./.	./.	./.	./.	./.
PSO gb c (15)	99,9624	99,9540	99,9585	99,9594	97,1204	**99,3909**
PSO gb c (22)	99,9367	99,9337	99,9352	99,9117	97,1020	**99,3639**
PSO gb c (33)	./.	./.	./.	./.	./.	./.
PSO gb c (55)	./.	./.	./.	./.	./.	./.
BFO rand (15)	./.	./.	./.	./.	./.	./.
BFO rand (22)	./.	./.	./.	./.	./.	./.
BFO rand (33)	./.	./.	./.	./.	./.	./.
BFO rand (55)	99,8991	99,8730	99,8663	99,8691	97,0418	**99,3099**
BFO gew (15)	./.	./.	./.	./.	./.	./.
BFO gew (22)	./.	./.	./.	./.	./.	./.
BFO gew (33)	./.	./.	./.	./.	./.	./.
BFO gew (55)	99,9017	99,5618	99,8709	99,8729	97,0542	**99,3123**
BFO gb (15)	99,9661	99,2403	96,7479	99,9577	95,1261	**98,2076**
BFO gb (22)	./.	./.	./.	./.	./.	./.
BFO gb (33)	99,9374	99,9174	99,9137	99,9120	99,0987	**99,3558**
BFO gb (55)	./.	./.	./.	./.	./.	./.
FWA (15)	./.	./.	./.	./.	./.	./.
FWA (22)	99,9842	99,9724	99,9865	99,9706	97,1446	**99,4117**
FWA (33)	99,9858	99,9869	99,9828	99,9796	97,1451	**99,4160**
FWA (55)	./.	./.	./.	./.	./.	./.

Tabelle B.5: Statische Versuche (Teil 2.2): τ in µs und μ in %

Algorithmus	Kennlinien mit einem Maximum			
	$\mu_{1-10\%}$	$\mu_{10-50\%}$	$\mu_{30-100\%}$	$\mu_{dyn,oIM}$
FOCV	99,2526	98,5965	99,1896	**99,0129**
Brute Force	96,1458	95,6192	95,9739	**95,9130**
P&O	99,1724	99,8772	99,9218	**99,6571**
INC	99,1753	99,8765	99,9223	**99,6580**
3PWC	99,1899	99,8561	99,8928	**99,6463**
2SMPPT	99,1424	99,8412	99,8878	**99,6238**
NGMPPT	98,8483	99,5156	99,4528	**99,2722**
GA int (33)	98,8535	99,1337	99,7044	**99,2305**
GA ext (33)	98,8362	99,1350	99,7346	**99,2353**
GA kom (22)	98,7376	99,2098	99,7400	**99,2291**
PSO lb (15)	98,7991	99,0879	99,6239	**99,1703**
PSO gb (15)	98,8437	99,1038	99,6388	**99,1954**
PSO gb c (15)	98,7933	98,9872	99,4773	**99,0859**
BFO rand (55)	98,8099	98,8386	99,3657	**99,0047**
BFO gew (55)	98,8090	98,8213	99,2629	**98,9644**
BFO gb (33)	98,2990	98,9686	99,4912	**98,9196**
FWA (33)	98,7902	99,2306	99,6762	**99,2323**

Tabelle B.6: Dynamische Versuche (Teil 1): μ und r in %, E in Ws

Anhang B Tabellen

Algorithmus	E_{Baum}	τ_{Baum}	E_{Ast}	τ_{Ast}	E_{Blatt}	τ_{Blatt}	μ_{sprung}	$\mu_{dyn,mlM}$
FOCV	185,5920	83,0852	197,2639	98,5058	26,0049	79,8019	68,6357	**59,8029**
Brute Force	168,8592	75,5944	191,4793	95,6172	*32,9795*	*100*	61,5372	**55,6320**
P&O	187,3081	83,8535	200,1255	99,9348	27,6868	84,9632	54,5331	**48,8528**
INC	187,3083	83,8536	200,1255	99,9348	27,6868	84,9632	54,5331	**48,8529**
3PWC	187,0713	83,7475	199,8839	99,8141	27,6728	84,9203	48,8553	**43,7225**
2SMPPT	190,2936	85,1900	*200,2561*	*100*	27,9041	85,6301	75,0906	**67,7868**
NGMPPT	189,5711	84,8666	199,3936	99,5693	27,9403	85,7412	70,7486	**63,7155**
GA int (33)	223,1323	99,8912	197,6236	98,6854	25,3296	77,7296	65,6771	**60,4900**
GA ext (33)	217,7322	97,4737	195,0066	97,3786	25,3301	77,7312	66,9219	**60,8060**
GA kom (22)	222,0782	99,4193	198,9101	99,3279	25,3304	77,7321	80,6436	**74,3266**
PSO lb (15)	220,7211	98,8117	197,5498	98,6486	25,3848	77,8990	66,5564	**61,0897**
PSO gb (15)	*223,9754*	*100*	197,6842	98,7157	25,3279	77,7244	78,9357	**72,7366**
PSO gb c (15)	222,9306	99,8009	197,4878	98,6176	25,3875	77,9073	78,0624	**71,9022**
BFO rand (55)	222,5341	99,6234	197,3717	98,5596	25,3717	77,8588	78,2563	**72,0067**
BFO gew (55)	222,5189	99,6166	197,2691	98,5084	25,3192	77,6977	76,4151	**70,2567**
BFO gb (33)	202,7775	90,7788	195,7580	97,7538	25,3162	77,6885	66,2190	**58,7630**
FWA (33)	192,1513	86,0217	198,8858	99,3157	25,3304	77,7321	81,9867	**71,8940**

Tabelle B.7: Dynamische Versuche (Teil 2): μ und τ in %, E in Ws

204

Algorithmus	$\tau_{100\%}$	Kennlinien mit einem Maximum						μ_{EUR}	μ_{CEC}
		$\mu_{5\%}$	$\mu_{10\%}$	$\mu_{20\%}$	$\mu_{30\%}$	$\mu_{50\%}$	$\mu_{100\%}$		
GHDMPPT (1)	**85**	98,3025	99,6510	99,6593	99,6964	99,7029	99,7039	**99,6517**	**99,6377**
GHDMPPT (2)	**65**	99,7520	99,9831	99,8969	99,9928	99,9938	99,9964	**99,9737**	**99,9719**
GHDMPPT (3)	**85**	98,1676	99,8377	99,8107	99,8413	99,8500	99,8516	**99,7931**	**99,7756**
GHDMPPT (4)	**85**	98,2035	99,9220	99,8946	99,9218	99,9324	99,9369	**99,8748**	**99,8562**
GHDMPPT (5)	**64**	97,5409	99,7265	99,7351	99,7916	99,7954	99,7964	**99,7156**	**99,6938**
GHDMPPT (6)	**116**	99,2191	99,4758	99,5280	99,5586	99,5667	99,5700	**99,5456**	**99,5421**

Tabelle B.8: GHDMPPT Statische Versuche (Teil 1): μ in % und τ in µs

Algorithmus	Kennlinien mit mehreren lokalen Maxima					
	μ_0	μ_1	μ_2	μ_3	μ_4	μ_{ges}
GHDMPPT (1)	91,8170	99,7200	99,7295	99,7403	80,8370	**94,36876**
GHDMPPT (2)	93,5185	83,8168	99,9786	81,4652	91,1752	**89,9909**
GHDMPPT (3)	91,9361	99,8512	99,8543	99,8541	80,8370	**94,4666**
GHDMPPT (4)	89,7791	99,9322	99,9266	99,9249	80,8370	**94,0800**
GHDMPPT (5)	91,1447	99,8018	99,8080	99,8131	82,7275	**94,6590**
GHDMPPT (6)	92,8271	99,5915	99,6080	99,6353	79,1929	**94,1710**

Tabelle B.9: GHDMPPT Statische Versuche (Teil 2): μ in % und τ in μs

Algorithmus	Kennlinien mit einem Maximum			
	$\mu_{1-10\%}$	$\mu_{10-50\%}$	$\mu_{30-100\%}$	$\mu_{dyn,olM}$
GHDMPPT (1)	98,9860	98,9927	97,9871	**98,6553**
GHDMPPT (2)	99,1967	99,8985	99,8646	**99,6533**
GHDMPPT (3)	99,1247	99,0455	98,0964	**98,7555**
GHDMPPT (4)	99,1685	99,0488	98,1138	**98,7771**
GHDMPPT (5)	99,0224	99,2402	98,5758	**98,9461**
GHDMPPT (6)	98,8489	98,5434	97,2211	**98,2045**

Tabelle B.10: GHDMPPT Dynamische Versuche (Teil 1): μ und r in % und E in Ws

Algorithmus	Kennlinien mit mehreren lokalen Maxima							
	E_{Baum}	τ_{Baum}	E_{Ast}	τ_{Ast}	E_{Blatt}	τ_{Blatt}	μ_{sprung}	$\mu_{dyn,mlM}$
GHDMPPT (1)	228,7881	102,4231	199,7881	99,7663	32,2274	97,7195	95,5042	**95,4752**
GHDMPPT (2)	187,1054	83,7627	200,3565	100,0501	27,7045	84,0052	72,1019	**77,0348**
GHDMPPT (3)	229,0431	102,5373	200,1717	99,9579	32,4436	98,3751	91,3064	**92,3398**
GHDMPPT (4)	228,8983	102,4725	200,3016	100,0227	30,4573	92,3522	89,9340	**90,6154**
GHDMPPT (5)	229,3601	102,6792	200,1406	99,9423	32,7209	99,2159	96,3497	**95,1532**
GHDMPPT (6)	227,7079	101,9396	199,5157	99,6303	33,1635	100,5579	95,2917	**93,9989**

Tabelle B.11: GHDMPPT Dynamische Versuche (Teil 2): μ und τ in % und E in Ws

Anhang C

Versuchsdurchführung in Simulink

Zuerst wird die Simulinkbibliothek *MPPT_Library.slx* wie eine normale Simulink-Datei geladen und lässt sich mit dem Befehl

```
set_param('MPPT_Library','Lock','off')
```

freischalten. In der Bibliothek befinden sich alle programmierten MPPT-Algorithmen als *Simulink-Charts*, die Signalgeneratoren für die dynamischen Versuche und die *Look-up-Table* zur Ermittlung des MPP in Abhängigkeit der Einstrahlung, s. Abb. C.2.

Anschließend wird das Basismodell mit der gleichnamigen *.slx*-Datei geöffnet (s. Abb. C.3 und vgl. Abschnitt 5.2), in dem abhängig von dem jeweiligen Versuch die Funktionsblöcke aus der *MPPT_Library* oder aus den üblichen Simulinkbibliotheken integriert werden. Die finale Versuchsauswertung findet überwiegend mit der Funktionsblockschaltung in der Abb. C.1 statt, in der das zeitliche Integral der erzeugten Leistung des Solargenerators

Anhang C Versuchsdurchführung in Simulink

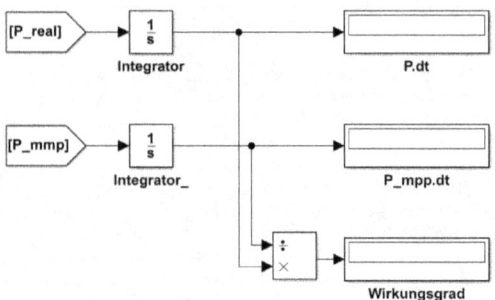

Abb. C.1: Funktionsblöcke zur Versuchsauswertung

P_{real} durch das zeitliche Integral des MPP dividiert wird, um den Wirkungsgrad des Algorithmus zu bestimmen, vgl. Kapitel 4.

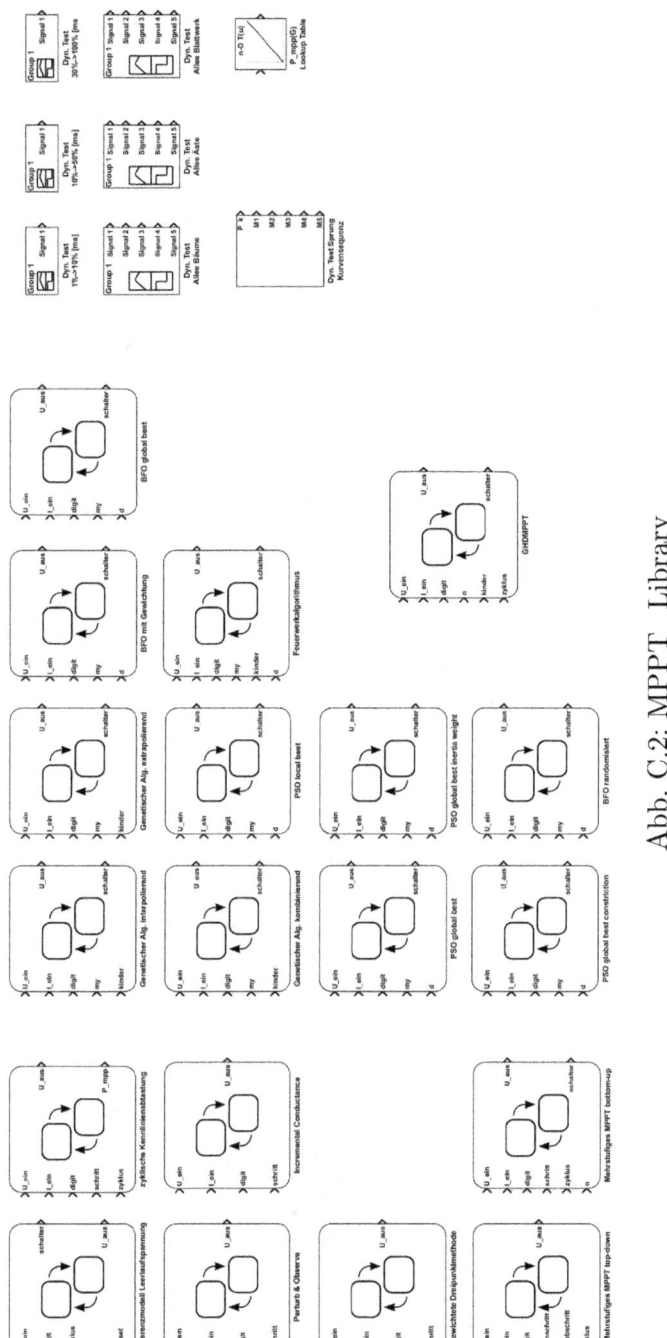

Abb. C.2: MPPT_Library

Anhang C Versuchsdurchführung in Simulink

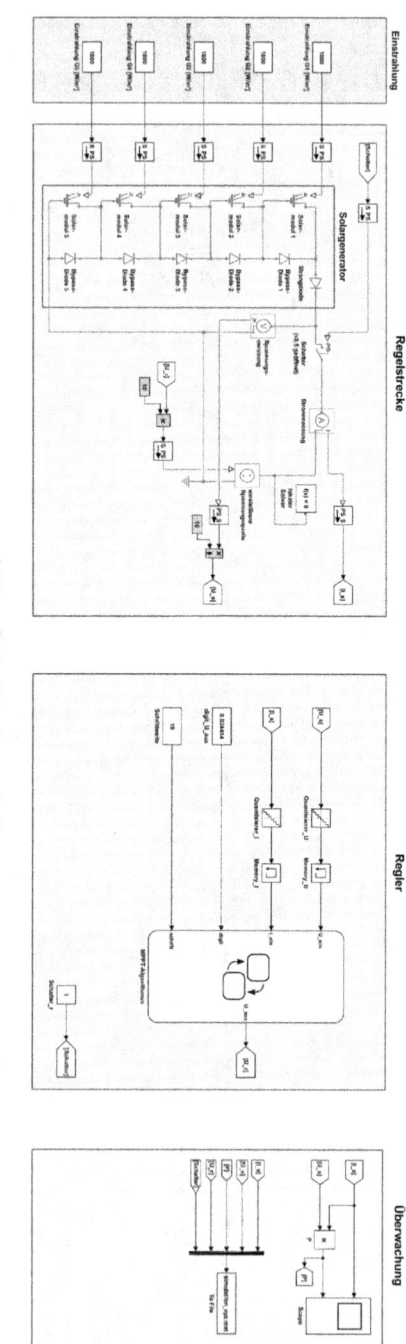

Abb. C.3: Basismodell

Literaturverzeichnis

[Alo14] Alonso, M. & Chenlo, F.: *Testing Microinverters according to EN 50530*. 29th European Photovoltaic Solar Energy Conference and Exhibition (29 EU PVSEC), Amsterdam, Niederlande: 2014.

[Bar15] Barth, C. & Pilawa-Podgurski, R. C. N.: *Dithering Digital Ripple Correlation Control for Photovoltaic Maximum Power Point Tracking*. IEEE Transactions on Power Electronics, Vol. 30, No. 8: 2015.

[Bog13] Bogon, Tjorben: *Agentenbasierte Schwarmintelligenz*. Springer Vieweg: 2013.

[Dar13] Daraban, S.; Petreus, D.; Morel, C.; Machmoum, M.: *A Novel Global MPPT Algorithm for Distributed MPPT Systems*. 15th European Conference on Power Electronics and Applications (EPE), Lille, Frankreich: 2013.

[Deh15] Dehuri, S.; Jagadev, A. K.; Panda, M. (Hrsg.): *Multi-objective Swarm Intelligence - Theoretical Advances and Applications*. Springer: 2015.

[Dri16] Drivetek AG: Datenblatt, *MPPT-Race V 4.0*. www.drivetek.ch: 15.06.2016.

Literaturverzeichnis

[Dro98] Droste, S.; Jansen, T.; Wegener, I.: Perhaps Not a Free Lunch But At Least a Free Appetizer. Technical Report No. CI-45/98, ISSN 1433-3325, Universität Dortmund: 1998.

[Esr06] Esram, T.; Kimball, J. W.; Krein, P. T.; Chapman, P. L.; Midya, P.: *Dynamic Maximum Power Point Tracking of Photovoltaic Arrays Using Ripple Correlation Control.* IEEE Transactions on Power Electronics, Vol. 21, No. 5: 2006.

[ISE13] Fraunhofer-Institut für Solare Energiesysteme ISE: Presseinformation, *Galliumnitrid-Transistoren machen Hochfrequenz-Leistungselektronik effizienter und kompakter.* www.ise.fraunhofer.de: 24.09.2013.

[Liu14] Liu, P. & Diao W.: *Optimization Design of Photovoltaic System MPPT Controller.* Applied Mechanics and Materials, Vols. 571-572, pp. 940-943, Trans Tech Publications, Switzerland: 2014.

[Mar14] Marańda, W. & Piotrowicz, M.: *Efficiency of maximum power point tracking in photovoltaic system under variable solar irradiance.* Bulletin of the Polish Academy of Sciences, Technical Sciences, Vol. 62, No. 4, S. 713-721: 2014.

[Neb12] Nebel, Markus: *Entwurf und Analyse von Algorithmen.* Springer Vieweg: 2012.

[Pau05] Pautzke, Friedbert: Praktikumsskript, *Systemtheorie/ Regelungstechnik.* Fachhochschule Bochum: 2005.

[Rei14] Reise, Christian: Studienbrief E051-01, *Solarenergie - Photovoltaik* (3. Auflage). Universität Koblenz-Landau: 2014.

[Rim10] Rimscha, Markus von: *Algorithmen kompakt und verständlich* (2. Auflage). Vieweg + Teubner: 2010.

[Rud13] Rudolph, Mirco: Bachelorthesis, *Untersuchung verschiedener Modulations- und MPP-Trackingverfahren für die Solargenerator-Netzeinspeisung*. Hochschule für Angewandte Wissenschaften Hamburg: 2013.

[San10] Sanz Morales, David: Master Thesis, *Maximum Power Point Tracking Algorithms for Photovoltaic Applications*. Aalto University, Espoo, Finnland: 2010.

[Sch10] Schröder, Dierk: *Intelligente Verfahren - Identifikation und Regelung nichtlinearer Systeme*. Springer: 2010.

[Spr03] Spravedlyvyy, Vadym: Dissertation, *Wirkungsgradoptimierung von dezentralen Energiesystemen dargestellt am Beispiel eines solarenergiegespeisten Asynchronantriebes*. Otto-von-Guericke-Universität, Magdeburg: 2003.

[STM14] STMicroelectronics: Datenblatt, *STM32F072xx* (Auflage 02.2014). st.com: 15.06.2016.

[Tan15] Tan, Ying: *Fireworks Algorithm - A Novel Swarm Intelligence Optimization Method*. Springer: 2015.

[Ver16] Verma, D.; Nema, S.; Shandilya, A. M.; Dash S. K.: *Maximum power point tracking (MPPT) techniques: Recapitulation in solar photovoltaic systems*. Renewable and Sustainable Energy Reviews 54, S. 1018–1034, Elsevier, sciencedirect.com: 2016.

[Wei15] Weicker, Karsten: *Evolutionäre Algorithmen* (3. Auflage). Springer Vieweg: 2015.

[Wes13] Wesselak, V.; Schabbach, T.; Link, T.; Fischer, J.: *Re-*

Literaturverzeichnis

generative Energietechnik (2. Auflage). Springer Vieweg: 2013.

[Wun16] Wunderlich, H.: Masterarbeit, *Modellbasierte Entwicklung eines Maximum Power Point Trackers für Solargeneratoren solarenergiebetriebener Elektrofahrzeuge mittels MATLAB/ Simulink*. Universität Koblenz-Landau, Koblenz: 2016.

[Wun17] Wunderlich, H.; Pautzke, F.: *Global High-Dynamic MPPT Algorithm - Optimization of MPPT Algorithms for Mobile Solar Applications*. 18th International Workshop on Research and Education in Mechatronics, Wolfenbüttel: 2017.

Index

Abtastfrequenz, 123
Agent, 172
    Energie-Agent, 173
    Schrittweiten-Agent, 173
    Strom-Agent, 173
algebraische Schleife, 129
Algorithmus
    Definition, 9
Auflösung, 124

bacteria foraging optimization, 85
Bakterienalgorithmus, 85
    Bewegungsphase, 85
    Chemotaxis, 85
    Elimination-Dispersal, 85
    Reproduction, 85
    Reproduktionsphase, 85
    Swarming, 85
Bergsteigeralgorithmus, 25, 34
brute-force-Methode, 22
Bypass-Diode, 7

Index

direct method, 25

Einstrahlung, 4, 122
Einstrahlungsänderung, 52
Einstrahlungsabhängigkeit, 5
Einstrahlungsmessung mittels Pilotzelle, 20
EN 50530, 99
Energieverlust durch die Suche, 53
evolutionärer Algorithmus, 47, 49
    Mutation, 50
    Rekombination, 49
    Selektion, 50
Evolutionsfaktoren, 49

Feuerwerkalgorithmus, 93, 161
fireworks algorithm, 93
fractional open circuit voltage method, 15
fractional short circuit current method, 20
Free-Appetizer-Betrachtung, 157

genetic algorithm, 63
genetischer Algoritmus, 63
    extrapolierend, 64, 68
    interpolierend, 63, 65
    kombinierend, 64, 68
gewichtete Dreipunktmethode, 30
global high-dynamic MPPT algorithm, 170
globaler MPPT-Algorithmus für hochdynamische Anwendungen, 170
Gradientenverfahren, 149, 162

hillclimbing algorithm, 25

Index

Incremental Conductance, 28
indirect method, 15
inkrementelle Konduktanz, 30

kollektive Intelligenz, 48, 50
    Evaluation und Vergleich, 50
    Imitation, 50

Leistungsmaximierung, 2
look up table method, 21

Maximum Power Point Tracker
    Aufbau und Funktion, 8
mehrstufiges bottom-up-Verfahren, 36, 41, 148, 160
mehrstufiges top-down-Verfahren, 36, 37, 149, 160
Methode der inkrementellen Konduktanz, 28
Methode der Lastsprünge, 25
Methode der Referenzwertetabelle, 21
Mismatch, 7
Modellbildung
    Überwachung, 131
    Regelstrecke, 126
    Regler, 129
    Systematik nach Zirn, 121
MPP-Ermittlungsdauer, 102
MPPT-Algorithmus
    Definition, 10
MPPT-Wirkungsgrad
    dynamisch, 102
    Europäischer Wirkungsgrad, 100
    Kalifornischer Wirkungsgrad, 100
    statisch, 100

Index

No-Free-Lunch-Theorem, 152, 157

Optimierungspotenzial, 144
Optimierungsverfahren für MPPT-Algorithmen, 159

Parameter der populationsbasierten MPPT-Algorithmen, 59
Parametereinstellung, 152
particle swarm optimization, 74
Partikelschwarmoptimierung, 74
    Geschwindigkeitsfunktion, 75
        constriction, 76
        inertia weight, 76
        ohne Gegengewichtung, 75
    Topologie, 74
        global best, 74
        globale Vollvernetzung, 74
        local best, 74
        Zweier-Nachbarschaft, 74
Perturb and Observe, 25
photoelektrischen Effekt, 4
Photostrom, 4
pilot cell method, 20
populationsbasierter MPPT-Algorithmus, 48, 152
Populationsmatrix, 59

Quantisierungsfehler, 53, 131, 133
quasi-seek method, 15

Rahmenbedingungen, 122
Referenzmethode, 15, 148, 160
Regelungstechnik (klassisch), 2
    Führungsgröße, 2
    Ist-Wert, 2

Rückführung, 2
Regelabweichung, 2
Regelgröße, 2
Regelkreis, 3
Regelstrecke, 2
Regler, 2
Soll-Wert, 2
Stellglied, 2
regelungstechnisches Dilemma, 15, 20, 22, 53
Rekombinationsarten, 63
Ripple Correlation Control, 33

Schaltfrequenz, 123
Schwarmintelligenz, 48
Solargenerator, 4
Solarzelle, 4
Stellbefehl, 14
Suchraum, 51

Taktfrequenz, 123
Teilverschattung, 7
Teilverschattungsversuch
    periodisch, 112
    sprunghafter Kennlinienwechsel, 117
    statisch, 109, 117
Temperaturabhängigkeit, 5
Three Point Weight Comparison, 30
true-seek method, 25

Umgebung des globalen Maximums, 36
Umweltgrößen, 5

Verfahren mit Suchbewegung, 25

Index

Verfahren ohne Suchbewegung, 15
Verteilung der Individuen, 55

Wirkungsgrad
  dynamisch, 118
  Gesamtwirkungsgrad, 119
  statisch, 118

zyklische Abtastung der Generatorkennlinie, 22, 150
zyklischen Messung der Leerlaufspannung, 15
zyklischen Messung des Kurzschlussstroms, 20

www.ingramcontent.com/pod-product-compliance
Lightning Source LLC
Chambersburg PA
CBHW071041240526
45471CB00014B/215